【美】古德塞尔　著　王新国　译

图解生命

The Machinery of Life

中国青年出版社

目　录

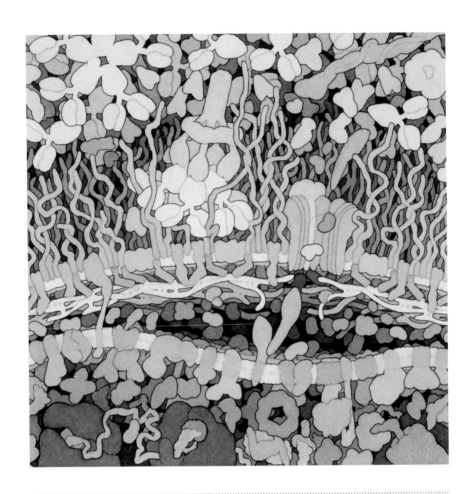

人体免疫系统刺透细菌的细胞壁

　　人体血液中含有能够识别并摧毁入侵细胞和病毒的蛋白质。图示为正被血浆中的蛋白质攻击（图片上部分黄色和橙色所示）的细菌细胞（图片下部分绿色、蓝色和紫色所示）横截面。"Y"形的抗体通过将其绑定到细菌细胞的表面启动这一过程，并被6条臂的蛋白（图片上部分中间区域）识别。这便开启了一个级联反应，最终形成一个细胞膜攻击复合体，图中抗体正在穿透细菌的细胞壁。（放大100万倍）

前　　言

　　设想一下，我们是不是可以通过某些方式直接观看一个活体生命中的分子？采用X光显微镜可以达到预期效果，亦或在梦中可以有一艘阿西莫夫型的纳米潜水艇（很不幸，目前二者对普通人来说都不可行）。想想看，那样的话我们就可以直接见证奇迹：抗体攻击一个病毒、电信号沿神经纤维争先而行、蛋白质构建新的DNA链等。就这么一瞥，就能解决当今仍困扰着科学领军人物的许多问题。但是，纳米尺度的分子世界与我们每天现实生活的世界被尺度差异所分隔，这种令人望而却步的差异是百万倍数量级的，所以今天的分子世界仍然是"隐形"的。

　　为了弥合这一鸿沟，我在本书中创作了插图，使我们能看到细胞内的分子结构——即使不是直接看到，那么也能以一种艺术的形式再现观察。我在书中采用了两种类型的插图：一种是将一个活细胞的一小部分放大一百万倍的水彩画，描绘了细胞内部分子的排布；另一种是电脑绘制的图像，用于表现单个分子中原子的细节。在本书的这个第二版中，这些插图以全彩的形式展示，并且还在其中加入了自首版问世以来，过去15年间激动人心的科学进展。

与第一版相同，我用几个主题将这些图片联系起来。其中一个主题是尺度。对于水分子、蛋白质、核糖体、细菌和人类的相对尺寸，我们中大多数人都没有一个很好的概念。为了便于理解，我按照一致的放大倍数完成了这些插图。表现活细胞内部区域的图片、扉页中以及贯穿本书后半部分插图的放大倍数都是一致的，都是100万倍。正因为有这个"标准尺度"，读者可以在这些章节之间直接跳读，并比较DNA、脂质膜、核孔以及活细胞中所有其他的分子装置的大小。同样是为了便于比较，电脑绘制的单分子图像也是按照几个"标准"的尺度完成的。

在绘制这些插图时，图画风格我也保持前后一致，这同样是为了易于比较。所有的分子插图都使用了一种把每个原子描绘成一个球面的空间填充式表现法。在细胞图画中，分子的形状则是空间填充式图像的简化版，只是把握分子的总体构型，而没有表现其中每个原子的位置。当然，这些分子中的绝大多数都是没有颜色的。图片色彩完全是人工完成的，我选择这些颜色是用以强调所述分子和细胞环境的功能性特征。

在对细胞内部区域的描绘中，我竭尽所能描述正确区域中正确的分子数量以及正确的分子大小和形状。本书首版出版的15年中，很多种类的新数据可以用来支持这些图片，但是已发表的关于分子分布和浓度的数据却依旧寥寥无几。因此，描绘细胞的图片受限于我个人的理解，尤其是第五、六章中人类细胞的插图。

和首版一样，我与心目中的非科学家读者一同写作了该书的正文部分。并且我秉持严谨的科学态度创作了插图，希望也能使科学家读者满意。对于那些非专业的读者，本书是一部分子生物学导言——编排生命过程的分子的图式概览。第二版书中包括了分子生物学中的许多新成果，以及讨论生命、衰老和死亡的一个新章节。

但是请注意，本书并不旨在体大虑周——我选择的一系列主题，也只是我所找到的、能够展现最显著且最迷人的分子生物学面貌的主题。所以，书末补充列出了一些优秀教材，可为读者提供更为细节而广泛的信息。特别是《细胞的分子生物学》这本书，几乎可以为细胞或分子生物学中的任一主题提供学习指导。对于科学家而言，我期望本书继续为直觉提供试金石。请和我一样使用这些插图吧，它们能够帮助我们在其正确的语境中设想生物分子：分子装在活细胞中。

感谢目睹这一计划"由想法变成现实"并为我提供帮助的人们。感谢亚瑟·奥尔森先生在每一阶段源源不断地提出有用的意见，提供拉荷亚市的斯克里普研究中心分子图像实验室这一优良的工作环境。感谢在过去8年中结构生物学合作研究协会对我绘画和写作提供的支持，本书中的许多素材都绘于该协会蛋白数据库中的"每月分子"系列。感谢fourmentin-Guilbert科学基金会对这一计划的支持。感谢达曼·鲁尼恩-沃尔特·温切尔癌症研究基金会、国家卫生研究院（NIH）和国家科学基金会在我开发绘制电脑插图方法的过程中给予的支持。最后，感谢比尔·格林姆先生的支持与信任。

加利福尼亚州拉荷亚市

大卫·古德赛尔

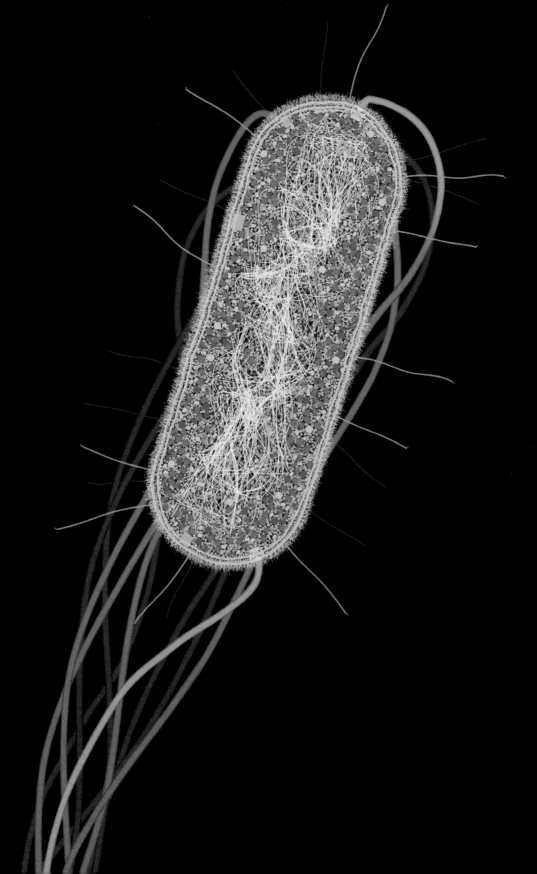

第1章

导　　言

　　我们的世界充满了各种各样的生命。想象一下当你悠闲漫步于一个植物繁茂的公园时的情境：橡树和枫树在午后的阳光中投下摇曳的斑影；鸟儿和蝴蝶在林中飞来飞去；松鼠们在树上喧闹蹦跳。在一片树林中，几十种树和植物环绕在你周围，其中还有许多种鸟类驻留。昆虫们或在林中漫步，或在叶片间游走，或在空中穿梭。即使在城市中心，你也能找到种类繁多的植物——有

◀ ···

图1.1　生命的构成

　　地球上的所有生命都由细胞构成，细胞则由分子构成。图示为单细胞细菌的横截面。这个细胞被多层的细胞壁（绿色部分）包裹。长长的螺旋形鞭毛由细胞壁内部的动力部分驱动，能驱使细胞在其环境中运动。细胞内部充满了各种分子装置，有构建和修复分子的，有统筹各种来源的能量的，还有感知并抵御外界环境危害的。（放大7万倍）

些被悉心照料，有些则躲开园丁独立发展。这些植物也容留了各种鸟类和昆虫，它们造就了房舍和混凝土之间的一方居所。

当你下次漫步于公园或林间的时候，凡有植物和动物的地方，请花一点时间，用一个生物学家的眼光看看周围的这个世界吧。这真的很棒！科学能揭示这个世界中许多隐藏在熟悉事物背后的奇迹……就在这片树林风景下，承载着某些真正惊人的证据。正是通过研究我们周围的这些植物、鸟和动物，科学家们已经发现你我与地球上每一种生物之间都存在着直接联系。只需稍稍留心观察一下，你也能亲自发现这种联系。

只消一眼，就可以看出你和父母、兄弟姐妹，甚至于和那些偶遇的路人之间是存在着密切联系的。我们人类之间的差异是微乎其微的，仅在身体比例和隐性部分存在着细微的差别。我们都有相同的感觉，运用相同的以肌肉和骨骼组合的系统说话与行走，以同样的方式出生，以相近的时间度过一生直至死亡。所有人类之间存在密切联系是显而易见的，根本不需要特别证明。

但是，要发现我们人类与生物学意义上下一级种族的亲缘关系，就要多花些时间去观察发现了。一次轻松的动物园之旅便能揭示我们与我们熟悉的动物之间的近亲关系。鸟类、哺乳动物、爬行动物、两栖动物以及鱼类，其实都是与我们隔了N代的表亲。那么，要解释这种种族相似性，我们需要稍稍了解一些解剖学的知识。从解剖学角度讲，人类和这些物种都有相似的消化系统和神经系统，都以相似的肌肉和骨骼系统构建起了头部、躯干和四肢乃至身体。所以说，在解剖学意义上，我们和大象或蜥蜴之间的差别仅在于：谁的腿更长、谁的毛更多和谁的牙更尖。

当我们把目光扩展到整个生物大家庭，事情就更加有趣了。这个大家庭包括所有生物：植物、昆虫、海绵、扁形虫以及许多异域远亲。现在，光靠解剖学知识是不行了，你需要大量其他生物学的工具才能真正看到我们与那些家族成员之间的关系。乍看上去，你和一棵树根本没有什么可比性。但是，你的胃和树的根虽然明显不同，却同样是用来吸收食物营养的。那么如果借助显微镜观察的话，你就会发现所有的生物体都是由细胞构成的，而树的细胞恰恰和你手的细胞十分相似。

生物学中最卓越的科学发现也许就是：即使是细菌，也和我们一样是生物大家庭的成员。细菌并不是像我们人类的身体那样由数万亿个细胞构成，它是由单细胞构成（图1.1）。然而，这单细胞却和人体细胞使用很多相同的装置。如果你能在非常近的距离观察那些参与精妙协调生命进程的分子，你会发现这些装置是多么相似（图1.2）。地球上的所有生物都利用一套相似的分子组合来进食、呼吸、移动和繁殖——正因为如此，无论是树、青蛙还是肉毒杆菌，都需要水和食物；温度过高或过低，都会导致它们的死亡；而如果条件适宜，它们都会繁殖出新的后代。

在本书中，我们将探索生命分子机构的基本功能。首先要看看它们本身的基本机构，以及它们运营起来的那个非凡的分子世界。然后，探索它们是如何在活细胞中组合起来的。最后，将讨论一些与我们人类自身分子和细胞相关的特别话题。

尺度的问题

在本书中，我们讨论的所有事物几乎都小得难以看见。分子

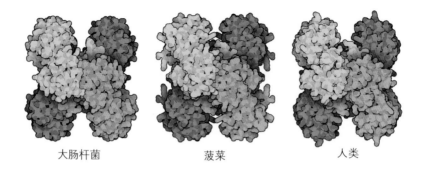

大肠杆菌　　　　　　　菠菜　　　　　　　　人类

图1.2　分子装置

在所有活细胞中，许多分子装置都是可以被识别出来的，特别是那些在生命进程中执行基础任务的分子装置。例如3-磷酸甘油醛脱氢酶在图中3种生物的糖代谢过程中都是至关重要的，而且可以看出该酶在这3种生物体——细菌细胞（左）、植物细胞（中）和人类细胞（右）中的相似形态。（放大500万倍）

实在太小了，而细胞却并非小得难以想象。细胞的长度比我们日常世界中的事物小约1000倍，最大的细胞（如原生动物）在放大镜下就可看见。我们人类的典型细胞长约10微米，差不多是手指末节的1/1000，所以人体中的绝大多数细胞则必须借助显微镜才能看到。1000倍的差异也不难想象：一颗米粒的长度是普通房间长度的1/1000，现在设想一下该房间装满了米粒，米粒的数目相当于构成你指尖的细胞数目，数量以10亿计。

再缩小1000倍，我们将进入分子的世界。分子的长度比光的波长还要短，所以用光学显微镜是无法直接"看到"它们的。但是，我们可以借助诸如 X 射线结晶学和NMR 光谱的方法、电子显微镜或原子力显微镜等工具来观察分子中的原子排布，然后绘制出它们的虚拟图像（图1.3）。随便哪个细胞中的一个蛋白质分子一般平均包含约5000个原子，这样的分子长度约为一个典型细胞的千分之一，大概是你指尖宽度的百万分之一。让我们再次借用米粒和房间的比例关系，蛋白质分子之于细胞，即米粒之于房间。

分子的世界

细胞内的分子是在一个奇特而且我们不熟悉的世界中工作的，我们在研究它时必须要小心谨慎。因为在尝试理解分子工作机制的时候，我们很可能会被直觉引入歧途。那些指导我们日常世界的法则——引力、摩擦、温度——在分子尺度上会有所不

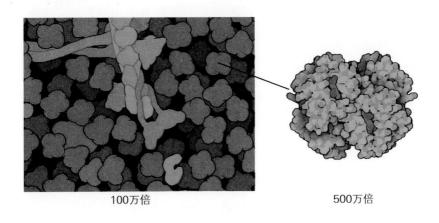

100万倍　　　　　　　　　　　　　500万倍

图1.3　分子图解

本书中最常使用的插图有两种类型。第一种是单一分子的图片（如右图所示的血红蛋白分子）：利用电脑软件，以原子核为中心为每一个原子绘制一个球形，球形的体积与原子核周围电子云的大小近似。在这幅图中，你能够轻松地识别出单个原子（放大500万倍）。第二种是展示细胞内部的手绘插图（如左图所示的红细胞）：每个分子的形状得以简化，而单个原子小得难以看到（在这个放大倍数下，单个原子的大小跟盐粒差不多）。本书中的所有手绘插图的放大倍数前后一致，为100万倍。

同，并且经常会导致出人意料的结果。

但是，仍有一个基本事实在两种尺度上（我们的尺度和分子尺度）是保持不变的：物质的固体性。这是最基本的相似之处，我们不必太过担心那些发生在量子力学范畴的怪异情况，分子也是具有确切大小和形状的。你可以充分想象这些分子相互撞击的画面，如果形状匹配，它们便能结合在一起。当然，如果近距离观察，你会发现分子的边缘有点模糊，但对于大多数研究目的而言，我们可以把它们看成桌子和椅子那样棱角明确的物理对象。

然而，分子世界中物质的其他性质的确会大为不同。例如，分子实在是太小，可以说它基本上不受重力作用的影响。实际上，在这个世界里，生物分子的运动和相互作用完全是由包围在其周围的水分子所掌控的。在室温下，一个中等大小的蛋白质能以5米/秒的速度（最快速度）行进。如果这个蛋白质被单独放置在一个空间中，那么它在1纳秒（10亿分之一秒）内就可以走过其自身长度的距离。但在细胞中，蛋白质分子是被水包围着的，它会受到来自水分子各个方向的撞击。所以，虽然它总是能高速地前挺后突，但受困于水分子的包围，在细胞中实际完成其自身长度的移动则需要花费近1000倍的时间（图1.4）。

想象一下发生在我们生活的世界中的类似情况。你进入一个机场，要去售票厅另一端的售票窗口，这窗口也就一两米的距离，和你的身高大致相当。如果售票厅空旷，几秒钟你就能到达。但如果这里挤满了许多正前往其他窗口的人，那么，在不停地推搡中，你可能需要15分钟才能通过！这期间，你可能一直在售票厅中被推来推去，甚至数次退到起点——这和分子在细胞中的蜿蜒前进是非常相似的（当然，分子是没有明确目的地的）。

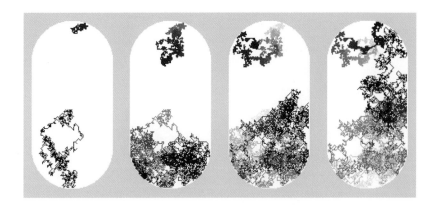

图1.4　分子的扩散

　　分子在细胞内不断扩散，并且四处乱撞。本图中，电脑模拟的一个蛋白质分子和一个糖分子在一个细菌细胞内部扩散时的快照。蓝色为蛋白质分子的路径，红色为糖分子的路径。起初它们在细胞的两端，"逛"遍了细胞内的大部分区域后，最终相遇。

　　你可能会问："所有的事情是如何在这样一个混沌的世界中完成的呢？"的确，运动是随机的，但那些运动远比我们所熟悉的世界中的运动要快得多。那些随机、发散的运动以足够快的速度来完成细胞中的大多数任务。每个分子都向四处乱蹦，直至到达正确的位置。

　　为理解这种运动有多快，请想象一下：在一个典型的细菌细胞（图1.1）中，将一个酶和一个糖分子分别放在细胞的两端。它们分别在整个细胞中漫游，途中向四面八方碰撞，撞到许多分子。但是，平均一秒钟内这两个分子至少会相撞一次。这就非常精彩了：这意味着任一分子在一个典型的细菌细胞中遨游时，会在一秒钟内遇到绝大多数其他的分子。所以当你在看本书中的这些插图时，请记住，这些稳定的画面仅仅是这个纷繁的分子世界的一帧快照而已。

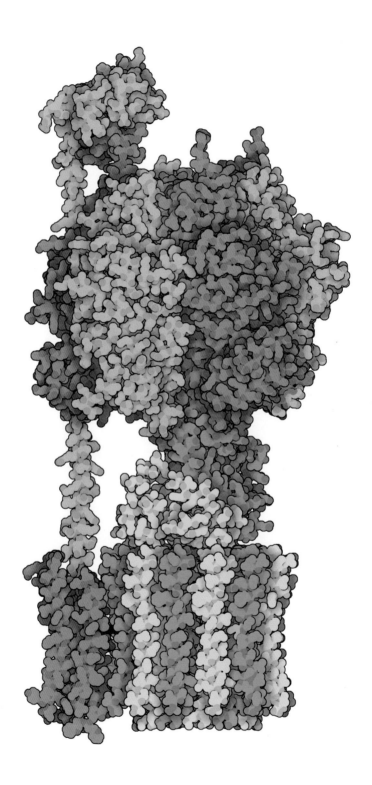

第2章

分 子 装 置

　　人类的身体便是展现纳米技术力量的一个鲜活范例。几乎所有的生命活动都开始于原子尺度上。单个分子被捕获并拆分成原子，然后这些原子重新组合，构建成全新的分子。同样，单个光子被捕获并指导单个电子形成电通路。通过这些生命活动，新构建的分子被装配并通过电通路被运送到若干纳米之外的地方。所有这些纳米尺度的生命活动均由微小的分子装置（图2.1）统辖。这种分子装置就像我们现实世界中的机器一样，都被用来高效而准确地执行特定的任务。所不同的是，分子装置执行的任务是分

◀ ···

图2.1　ATP合成酶

　　ATP合成酶是用于生产化学能量的分子装置。它由超过4万个原子构成，每一个原子都在其特定位置上履行特定功能。（放大800万倍）

子级别的，而且这些装置是早就在细胞中建好的，以确保原子尺度的生命活动的正常运行。

我们将在整本书中看到，分子装置和我们熟悉的机器（如剪刀、汽车等）有许多相似性。尽管在微观领域里，它们的外观结构看起来很特别又令人难以理解，但在很多方面都可以近似地理解为：作为一种机械构造，其各部分之间相互配合、运动并相互作用着来完成一项既定的工作。然而，分子装置与人造装置之间又有许多根本的不同。我们有必要对这些不同之处进行一个基本的了解，以便欣赏这些发生在分子尺度上的奇观。

一个主要的基本问题就是：分子装置必须由原子组成。虽然这一点显而易见，但实际上它引发了深层次的问题。原子的形状和尺寸种类很少。细胞中，开展大多数工作的原子只有6种——碳原子、氧原子、氮原子、硫原子、磷原子和氢原子（特定任务除外）。这些原子根据其基本化学性质，可能仅仅由非常有限的方式连接起来。分子装置必须建立在这些特定的限制之上。这很像我们玩的组装玩具或"乐高"积木：也许你可以造出很多种不同的造型，但最终的形式都是在基本组成单位的形状和连接方式的限制下塑造完成的。同理，我们将看到分子装置利用各种巧妙的手段，对有限种类的原材料进行最优利用。

在现实世界中，我们所熟悉的装置是由金属、木材、塑料和陶瓷建造的，而细胞中纳米尺度的装置则由蛋白质、核酸、脂质和多糖建造。细胞利用4种基本组合方案来制造分子装置。每种方案都有其特有的化学性质，适于细胞中的不同角色。这里，我们需要借助两个基本概念来理解化学特性的表现形式：化学互补性和疏水性。

化学互补性：一旦分子相接触，它们便开始了相互作用。大多数情况下，这种互作不是很强，所以它们通常只是撞了一下，然后继续各自的运动。然而，如果这种互作是互补的，它们便与对方紧密绑定起来。分子之间的相互作用通过其大量特定原子与原子的互作来产生。单个原子间的互作通常较微弱，但当一个分子中的大部分原子与邻近分子的原子匹配度较高时，这些互作便会累加而变强（图2.2）。分子装置还利用两种特殊的相互作用（一个氢原子和一个氧原子或氮原子形成的氢键，以及携带相反电荷的原子之间的盐桥），将分子们像小纽扣一样锁在一起。

疏水性：这是一种由水的特殊性质引发的更难以捉摸的概念。分子与水发生反应会趋向于以下两种方式中的其中一种：一种是与水发生剧烈反应，这些分子往往富含氧和氮原子，被定义为亲水性分子。亲水性分子易溶于水并会环绕着一个大小合适的水分子壳。常见的亲水性小分子有蔗糖和醋酸（醋中酸味的来源）。另一种是当把分子置于水中时，它们会聚集起来，凝成球体以远离周围的水（图2.3）。这些分子富含碳原子而不易与水反应，被定义为疏水性分子，恰如植物油在水中的情况——疏水性的油分子聚集形成油滴，以使与水最少接触。

细胞中的那些大型分子装置可以利用这两种化学性质。它们一般都有着奇特的外形，利用氢键和盐桥来寻找具有互补结构的分子。它们往往兼具亲水性区域和疏水性区域，可以与水进行不同的反应。当分子溶于水后，亲水性和疏水性区域的不同空间分布样式也会引发各种新奇活动。这四种组合方案——蛋白质、核

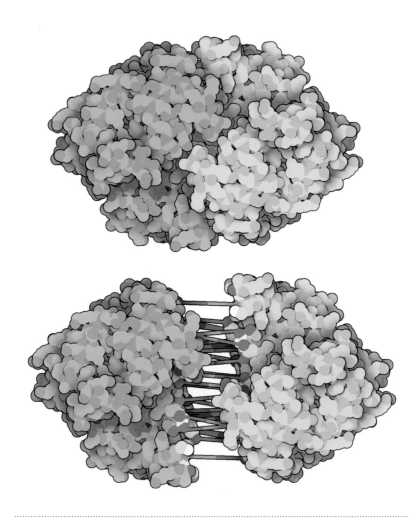

图2.2 化学互补性

生物分子通过其表面大面积的互补片相互作用。图中所示为糖代谢过程中执行其中一项任务的烯醇酶，它是由两个亚基组成的活性分子装置。图中靠下的图（放大1000万倍）为彼此分离的两个亚基，原子间的短线为氢键。注意当它们靠近时，两种构型是如何连锁并完美匹配的。

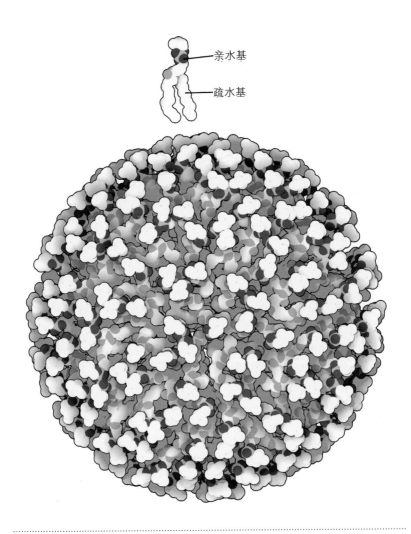

图2.3 疏水性

磷脂中的磷酸基团（亮黄色和红色部分）是亲水性的——可与水剧烈反应，而其余部分（白色部分）主要由碳和氢构成，具有疏水性——不与水剧烈反应。当脂质与水混合时，它们凝聚变成小滴（或者例如图2.9描绘的脂质双分子层），使得与周围的水接触面最小。图中靠下的图所示为大量磷脂已经结合为一个完整的液态球体，其所有的疏水部分全部藏于球体内部。

苷酸、脂质和多糖——正是使用上述特性的不同组合，来实现不同的分子目标。

核　　酸

核酸专门利用化学互补性来编码信息。它们在生命过程中扮演最基本的角色——有些人会称其为"中心角色"。核酸储存并传递基因组，是维持一个细胞的存活所必需的世代相传的信息载体。所有那些关于如何以及何时制造蛋白质的信息，都存储在位于细胞中央的核酸链中。

核酸链之间特有反应的特性，使它们非常适于担当细胞图书馆管理员的角色。核酸由长的核苷酸链构成，每一条链都由形成氢键的原子按特定顺序排列。这些原子就是核酸如此重要的原因所在。在DNA（脱氧核糖核酸）中有4种核苷酸：腺嘌呤（A）、胸腺嘧啶（T）、胞嘧啶（C）和鸟嘌呤（G）。这4种核苷酸有完美的配对法则——A与T配对、C与G配对——其他任何方式都不能进行配对。

这种特殊的配对规则是核酸具备存储、传递信息功能的基础。正如电脑硬盘中字符串的功能一样，信息沿着核酸链存储于核苷酸序列中。举例来说，序列A–T–G是表示"起始"的通用密码。这一信息可能由特殊的氢键来读取：沿着这条链逐个进行核苷酸配对——A–T配对、C–G配对——之后，将新的核苷酸连接起来便构建成了一条新链。这条链是唯一的，并且具有与原核苷酸链互补的信息。之后，它可以用于构建下一条、再下一条链等等，如此一代接一代延续下去。

就辅助信息的传递这个功能而言，核苷酸的化学结构是完美的（图2.4和图2.5）。每一个核苷酸都由一个碱基构成，该碱基包含了可形成氢键的原子，它们在一个活性环上以完美的匹配衔接在一起。此外，核苷酸还包含一个用于连接核苷酸的糖–磷酸基团。这个糖–磷酸基团相对来说具有弹性，因此这个链可以弯曲成多种功能性的形状，并且带有大量电荷的磷酸使该链极易溶于水。另一方面，这些碱基是疏水性的，所以它们更倾向于从正上方逐个摞在一起，从而避免与水接触。这就是为什么DNA会形成常见的双螺旋结构：两条链并行，所有碱基堆积在内侧，而所有的磷酸基团都盘绕在外侧。

在细胞中有两种核酸类型：DNA和RNA（图2.6）。在化学结构上，RNA（核糖核酸）与DNA有两处微小差异：一是RNA的糖有一个额外的氧原子；二是RNA胸腺嘧啶由尿嘧啶代替——尿嘧啶较胸腺嘧啶少一个碳原子和一些氢原子。然而，这些微小的化学结构差异却造成了RNA功能上的巨大差异。那个额外的氧原子使RNA比DNA稳定性略差，因此当DNA作为首要的中央信息仓库时，RNA仅被用于临时的信息处理，且通常都是一次性的。RNA由DNA模板复制而来，并在细胞中经过一系列剪切、加帽、编辑和转运，完成它们的工作后最终被丢弃。

然而，由于结构上有太多限制，核酸并不适合执行细胞日常生活中的许多其他任务。虽然对于信息传递来说核酸是完美的，但对于构建能进行数千种不同化学和机械反应的装置来说，4种碱基的化学性质则太过相似而单调。此时，蛋白质变化多端的潜能便得到了充分利用。

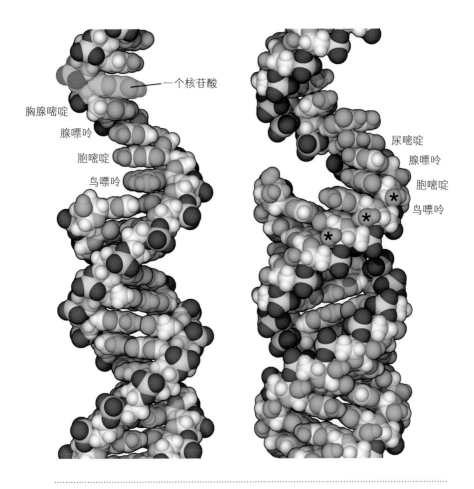

一个核苷酸

胸腺嘧啶

腺嘌呤

胞嘧啶

鸟嘌呤

尿嘧啶

腺嘌呤

胞嘧啶

鸟嘌呤

图2.4　核酸结构

核酸由核苷酸组成的长链构成。图中，疏水的碳原子饰以白色，略微亲水的原子饰以柔和的浅色（浅蓝为氮原子，粉色为氧原子），带有强电荷的亲水原子饰为高亮色彩（蓝色为氮原子，红色为氧原子，黄色为磷原子）。氢原子用较小的球形表示，其颜色与和它连接着的原子颜色相同。左图为DNA分子，右图为RNA分子。图中展示的下半部分为双螺旋结构，上半部分为单链。RNA链上的星号表示少数RNA分子具有而DNA分子并不具有的氧原子。（放大2000万倍）

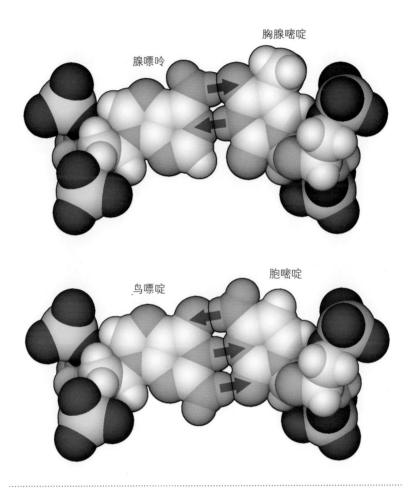

图2.5　核酸中的信息传递

DNA碱基通过一系列特定的氢键相互作用，腺嘌呤与胸腺嘧啶配对，胞嘧啶与鸟嘌呤配对。一个碱基上的氢原子与其互补碱基上的氧原子或氮原子配对。当碱基完全并排时，氢键的互作达到最强。腺嘌呤和胸腺嘧啶形成两对氢键（如图中箭头所示），而鸟嘌呤和胞嘧啶则形成三对碱基。（放大4000万倍）

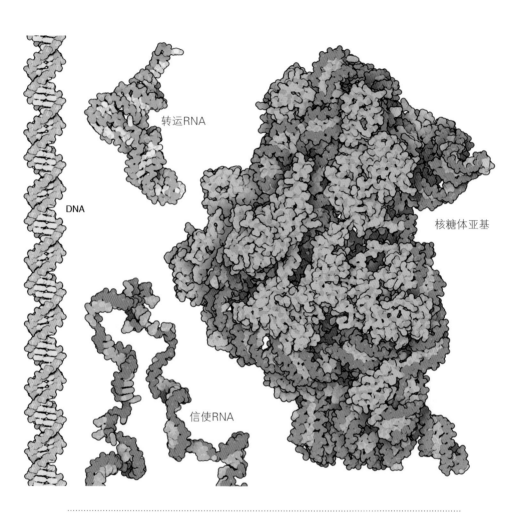

DNA

转运RNA

核糖体亚基

信使RNA

图2.6 核酸的功能

　　核酸在细胞中执行多项任务。DNA双螺旋主要存储遗传信息，而长链信使RNA则临时携带这些信息。转运RNA和核糖体（由RNA和蛋白质构成）是合成蛋白质的基本装置。（500万倍）

蛋 白 质

观察细胞中的任一个地方，你都能看到有蛋白质在工作。蛋白质被构建出数千种形状和大小，每一种都在分子尺度上执行不同的功能。有些蛋白质的构造简单，只有一种确定的形状，并被整合到棒状、网状、空心球体和管状结构中。一些蛋白质可作为分子马达，利用能量进行旋转、弯曲或爬行。还有许多则是化学催化剂，催化原子间的化学反应，严格转运和转换所需的化学基团。

蛋白质具有一种模块式的化学结构，使其可以使用相同的基本构建模块来组建出性能迥异的分子装置。像核酸一样，蛋白质也是长的分子链，但它不是利用4种化学特性相似的核苷酸构成的，而是由20种不同大小和化学性质的氨基酸构成（图2.7）。有些氨基酸带有电荷并与水和离子发生强烈反应，有些则大部分由碳和氢原子构成，具有强疏水性；有些氨基酸大而粗壮，有些则小巧而适于进入小角落；有些氨基酸很坚硬，有些则很有弹性；有些具有化学活性，而其他的则完全中性。细胞通过使用这些多样化的氨基酸"字母表"，能构建出更丰富的蛋白质"词汇"。

蛋白质链在水中会有了不起的举动。它们会不断地扭曲、折叠，以寻找到最合适的形状——将疏水氨基酸保护在内部，而将带电荷的氨基酸呈现在表面。令人惊奇的是，蛋白质能够自我组装。它们的组装过程几乎完全靠自己，只有少量的蛋白伴侣辅助其正确折叠成链，并防止邻近蛋白质的干扰。一旦氨基酸的排列顺序确定，则蛋白质折叠后的最终形状就确定了。

如你所想，所有的氨基酸组合中，只有很小的一部分能够自

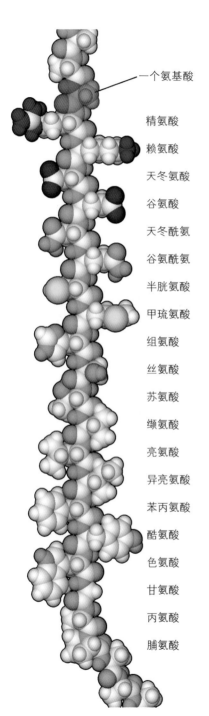

一个氨基酸

精氨酸

赖氨酸

天冬氨酸

谷氨酸

天冬酰氨

谷氨酰氨

半胱氨酸

甲琉氨酸

组氨酸

丝氨酸

苏氨酸

缬氨酸

亮氨酸

异亮氨酸

苯丙氨酸

酪氨酸

色氨酸

甘氨酸

丙氨酸

脯氨酸

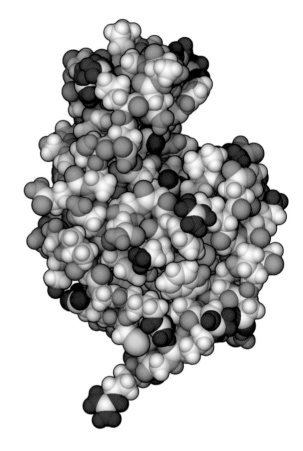

发地折叠成一个稳定结构。如果你用随机的氨基酸序列制造出一个蛋白质，它在水中很有可能只是一个随机缠绕的胶黏结构。其实，细胞已经在多年的进化选择中完善了蛋白质的氨基酸序列。如今，科学家们正探索那些指导折叠过程的精巧法则，使我们能够自主设计蛋白质。与我们现实世界所熟悉的装置颇为不同，蛋白质为完成不同的工作，而具有非同寻常的形状（图2.8）。正因具有如此巨大的多样性潜力，它们被用来执行细胞中绝大多数的日常任务。一个典型的细菌能构建出几千种不同的蛋白质，每一种都有其不同的功能。我们自身的细胞构建大约3万种不同种类的蛋白质，从小的激素（如只有29个氨基酸的胰高血糖素）到巨型的包含超过34000个氨基酸的肌联蛋白。几乎细胞中的每一项工作都由蛋白质完成，除非特殊情况下才需要核酸、脂质和碳水化合物特有的化学性质。因此可以说，蛋白质是"万灵药"，以其不可计数的形状和构型谨尽其责。

脂　　质

　　单独来看，脂质都是微小的分子，但是当它们聚集在一起，就形成了细胞中最大的结构。在水中，脂质分子会聚合起来形成一个巨

图2.7　蛋白质结构

　　蛋白质是由一个氨基酸长链折叠而成的完整球状结构。图中左侧为一条伸展的链，展示了全部的20种氨基酸。注意每一种氨基酸的形状和化学构成。顶部的4种氨基酸带有强电荷，中间的氨基酸带有弱电，底部的则是亲水性氨基酸。最底部的为脯氨酸，它在蛋白链上形成一个刚性扭结弯曲。图中右侧所示的溶菌酶是一个小型蛋白质，包含129个氨基酸。（放大2000万倍）

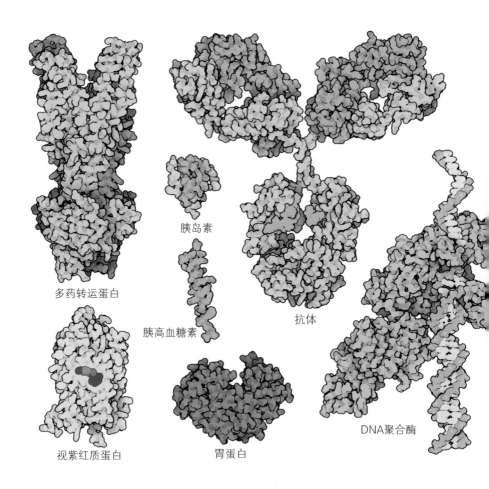

多药转运蛋白

胰岛素

胰高血糖素

抗体

视紫红质蛋白

胃蛋白

DNA聚合酶

图2.8　蛋白质的功能

　　蛋白质根据大量不同的功能而被构建。多数情况下，一些折叠的蛋白链相互配合，形成一个更大的结构。通过两条蛋白链的剪刀式运动，可以将多种毒药和毒素泵出细胞外。视网膜紫质是人体视黄醛中的光线感应器——它用一个彩色的视黄醛分子来捕捉光线。胰岛素和胰高血糖素是用来调节血糖含量高低的激素。胃蛋白酶是蛋白质消化装置，在胃中降解食物——因这一功能，它必须具有强抗酸性。抗体专门识别外源物质，即寻找血液中传染的病毒和细菌。DNA聚合酶用

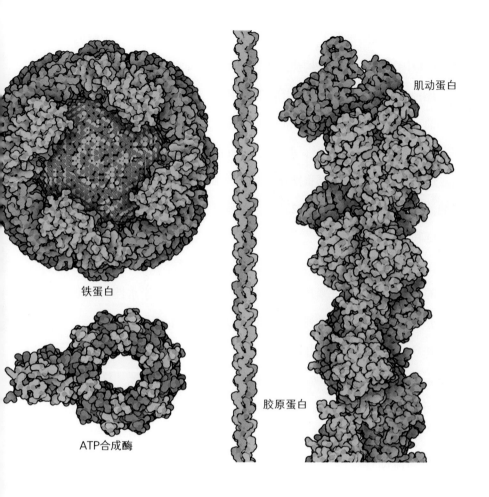

铁蛋白

ATP合成酶

胶原蛋白

肌动蛋白

于复制DNA单链中存储的信息——图中所示的DNA聚合酶来源于温泉中的细菌，所以它非常稳定，被应用于生物技术中的DNA复制。铁蛋白将铁离子存储在细胞内部——它是一个蛋白壳，包裹着由大约4000个铁离子和氢氧根离子组成的晶体块。图中所示的ATP合成酶的这个部分是电化学能驱动的旋转马达。胶原蛋白形成长而坚韧的缆索，支持我们人体的器官和组织，它也是人体中最常见的蛋白质之一。肌动蛋白构成了人体的结构框架，但可以根据需要装配和拆解。（放大500万倍）

大的防水罩来封闭细胞，能初步将其与外界环境分隔开来。细胞内部也正是用这种脂质罩来构建各个区室的，比如细胞核与线粒体。

脂质和水的特殊反应使脂质用处很大。脂质，通常被称为脂肪和油，由短的亲水性"头部"连接着两到三个长的疏水性"尾部"组成。当置于水中时，脂质分子便自发地聚合使其长尾远离水。这一过程其实我们都很熟悉：比如你在水中滴几滴植物油，这些油滴便会聚合在一起（图2.3）。细胞里亦是如此，只不过在更小尺度和更多的控制之下。在细胞中，脂质聚合成一个脂质双分子层：由两层整齐排列的脂质组成的连续队列（图2.9）。这些脂质分子的疏水性尾部一个紧挨着一个朝向中间排列，而亲水性头部则朝外分布于两侧，这种排列方式使其很适合在水环境中生存。

由于脂质双分子层由许多相互分离的分子组成，所以它们是动态的，随时可以流动。每个脂质分子都像个小陀螺一样地旋转，而它们的尾巴则随着头部不停摇摆。脂质分子还可以始终不脱离它所在的队列，快速地向下一个脂质分子滑动。由于脂质双分子层的流动性很强，因此极适合被用作细胞的皮肤——细胞膜。细胞膜具有很强的弹性且易于弯曲，以满足细胞的需求。细胞膜上的裂口能很快愈合，并且能够通过增加或移除脂质分子而快速地变大或变小。

脂质双分子层中的脂质尾部在内部紧密交联，因此它又是极佳的屏障。细胞的所有大分子，如蛋白质和核酸都被这个脂质膜安全地聚拢在细胞内部，无法外出。此外，金属离子也不能穿过脂质膜，甚至连水分子也只有少数才能穿过。而小的疏水性复合体，比如乙醇和药物，则可顺利穿过。因为它们可以通过挤压脂质的尾部轻松地进入细胞。

　　然而，在现实的细胞中很难找到完全由脂质分子构成的脂质双分子层。毕竟一个完全封闭的屏障会将细胞与外界完全封锁，

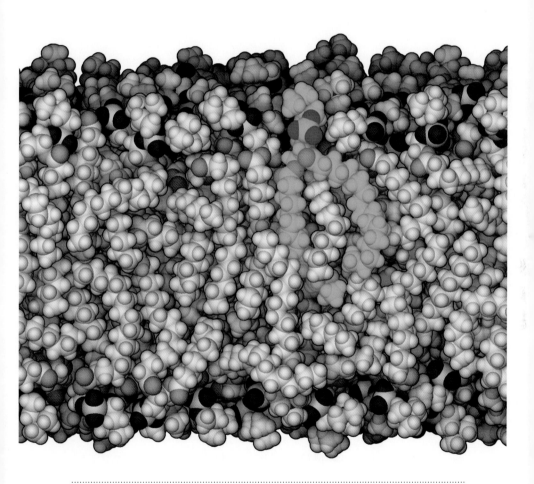

图2.9　脂质双分子层

　　与蛋白质和核酸相比，单个脂质（用绿色强调的部分）较小，但具有很强的疏水性。细胞中许多脂质联结形成一个动态的脂质双分子层。图中所示为这一双分子层的横截面，展示了其内部缠绕在一起的碳氢化合物链。（放大2000万倍）

无法输入食物与养分，也无法将代谢废物排出。为解决这一问题，细胞构建了很多种嵌入在细胞膜中的特殊蛋白质。这些蛋白质有的像泵一样，将材料泵过密封的细胞膜；有的像信使一样，在细胞膜的内外形成一条交流通道。

多　　糖

　　4种基本构建材料中的最后一种即多糖主要依赖其自身结构发挥功能。多糖是一种长的糖分子链，且常有分支。糖类由羟基（氢氧键）覆盖，羟基既能很好地溶于水，也能与其他的羟基强烈反应。多糖利用这一特性执行两个任务。第一个任务是储存。糖类，尤其是葡萄糖，是细胞中的主要能源。多糖是这一能量的中央储存库。当能量盈余时，剩余的葡萄糖分子被连到多糖微粒上储存起来；而当能量供不应求时，这些微粒便会被打碎释放出糖。多糖的活性不如单个糖分子。而在大量羟基的协助下所形成的紧凑、易于存储的微粒，使多糖比高浓度的自由糖分子更宜储存能量。在植物中，葡萄糖以淀粉形式存储，其实就是我们现实世界中用来勾芡酱汁或黏合零件的淀粉。而在我们自身的细胞中，葡萄糖以稍微不同连接方式的糖原的形式储存。

　　多糖在细胞中还扮演一个重要的角色，也就是它的第二个任务：主要用于构建一些最经久耐用的生物学结构和黏性结构。例如在现实世界中，你现在所处的大厦以及你所看的这本书的书页大部分成分也是由多糖构成；木材中的木质纤维素大部分由长的多糖链构成（图2.10）；昆虫坚硬的外壳也是由称作"几丁质"的长多糖链构成。这些多糖链全部由羟基粘连在一起形成坚固的支撑，树木和龙虾壳的强硬度即来源于此。

　　人体细胞也用多糖做结构材料，但比木质纤维素和几丁质的多糖链小得多。大部分细胞都有一层包衣，它是由短的多糖链

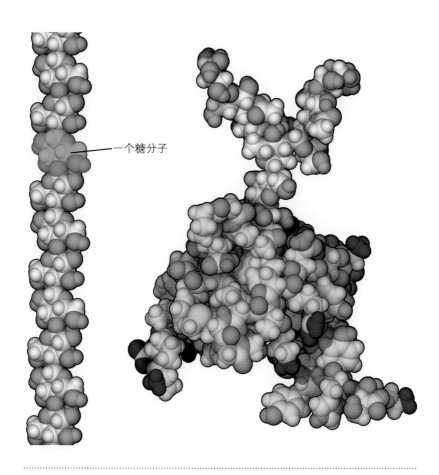

一个糖分子

图2.10　多糖

　　多糖表面由羟基基团（粉红色部分）覆盖，使其具有亲水性并溶于水。图中有两个例子：左图为纤维素，绿色强调部分为一个糖分子；右图为一种激素蛋白（绒毛膜促性腺素），它由一个短蛋白链（绿色部分）和分叉的多糖链构成。在许多人体细胞表面的蛋白质上，都有类似这样的小型多糖分子附着。（放大2000万倍）

构成，用来与细胞表面的蛋白或脂质联结。这些链从细胞延伸出去，并与大量的水相互作用，形成多糖和水的混合物。这一混合物在细胞周围形成的胶性包衣，具有保护性的屏障作用。为理解这一多糖屏障的概念，你只需想想上次患感冒的情景：鼻涕的黏性就是由于多糖链附着于蛋白质上形成的。

细胞内神奇的分子世界

我们将在后面章节看到，细胞是一个小而拥挤的场所，而且一瞬间里会发生许多事情。分子装置必须在这种非同寻常的纳米尺度环境中，准确而有效地执行它们的任务，使得活细胞正常运转。这样狭小的空间，会产生很多令人惊奇的现象，同时也会带来一些新奇的机遇。

细胞内相当拥挤，通常有25%–35%的空间被大分子（如蛋白质、核酸）占据。如你所想，这些分子会互相阻挡着彼此的去路。这对分子的功能产生了两种影响：不利的一面是，由于不断被近邻阻挡，大分子要扩散至整个细胞会更困难。这种情况减慢了分子的运动，使两个分子需要更长时间碰到对方。有利的一面是，一旦分子找到对方，这种拥挤的环境更有利于分子的结合。分子不断被邻近分子挤到一起，所以它们相互紧靠的时间更长，这样也就更有利于和与之发生反应的分子准确匹配。这个优点使分子更倾向于在拥挤的环境中结合形成大的复合体，而非大量散布于细胞中。

细胞内也充满了各种增强和抑制分子运动的障碍物。质膜就常被用于分隔出细胞内部区间，阻止分子从其一侧扩散到另一侧。这可以将一个分子和执行任务所需的其他分子包围在同一个小空间里，从而增强了相互作用的效果。质膜也可以加速分子的扩散和结合。如果一个蛋白质微弱地绑定在一个膜上，它可以确定目标点后在质膜表面跃动前行。相对于可以自由扩散的三维空间，这个蛋白质只需要在膜表面的二维空间移动，从而减小了扩散区域，快速发现其目标。同样，蛋白质绑定在DNA上也可以减小扩散区域——它们可以沿着双螺旋迅速上下移动以找到合适的位置。例如，乳糖抑制蛋白与DNA一般只能进行微弱的、非特异的绑定，而与预计用来抑制它的特定核苷酸序列则可以紧密结合。所以，在细胞中，乳糖抑制蛋白沿着DNA双螺旋结构上下滑动来寻找合适的绑定位点，这样能排除其他干扰，其效率比在三维空间随机扩散高数百倍。

针对不同的工作，分子装置必须具有很强的特异性。在细胞中，一个典型的酶会受到数千种不同类型分子的猛烈撞击，而它必须能够从这么多容易混淆的分子中筛选出自己所需的那个。生物分子能够出色地完成这个让人望而却步的任务，俨然可以称为"识别专家"。它们与其搭档亲密合作，并在许多位点上建立形状和化学性质均完全匹配的联系。酶通常将其目标分子完全包围，然后通过大的互补界面进行匹配相连。分子装置这种强大的特异性使得一个细胞可以同时进行上千种反应，而且这一整套事件依然可以在充满随机分子碰撞的细胞质中有规划地进行着。

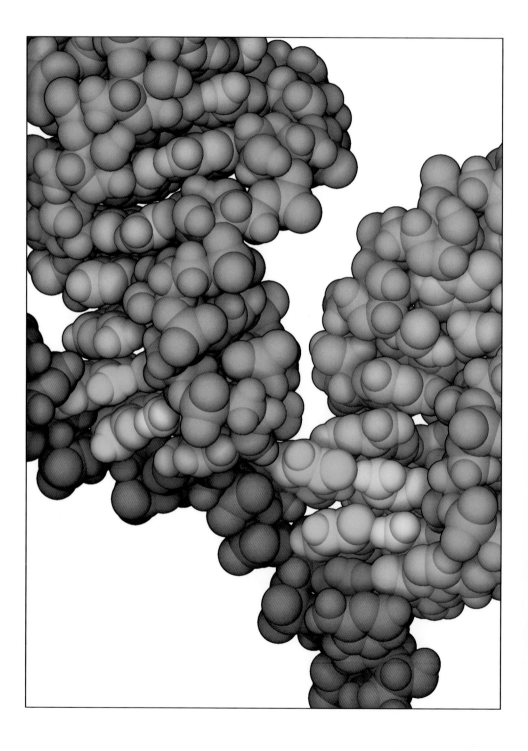

第3章

生命的工序

生命是什么？当我们看见一个生物的时候，谁都能识别出它是生命。但当我们深入思考生命的定义，就难以得出一致的结论了。比如，植物既能生长又有生命，而催化剂呢？它们虽能生长，却无生命。那么，它们的差异在哪？1944年，物理学家埃尔文·薛定谔提出了一个非常简单又经得起时间检验的对生命的定

◄ ·······································

图3.1　信息传递

转录RNA与信使RNA绑定的过程，就是将遗传信息翻译为一个蛋白质的氨基酸序列。图中，两个转录RNA分子（顶部的浅粉色部分）与一个信使RNA（底部的深粉色部分）绑定，信使RNA逐一阅读两个转录RNA分子提供的由3个核苷酸构成的密码子。每一个密码子对/反密码子对中的3个碱基分别饰为绿色、青色和蓝色。当RNA分子埋于核糖体深处时这一过程才发生（图3.4）。（放大4000万倍）

义。他认为所有生物具有一个共同的属性，即生物会避免自己衰老而努力维持一个平衡的状态。

在我们的宇宙中，事物总是朝着一致的衰退方向运动。一杯热水会冷却，直至其温度与周围空气相同。然后，水会缓慢蒸发，水分子将均匀扩散到整个房间的空气中。或许，这些水分子会再与其他水分子相结合形成降雨，从而将这些分子分散到更远更广的区域。即便是岩石、山川和整个星球都受制于这一无法停止的侵蚀和稀释的力量——经过数千年的分崩离析，它们最终化为纷飞的尘土。

生物则抗拒这种衰退的力量。无论面临怎样的挑战，它们总会竭力维持原状。当周围环境寒冷时，我们的身体会产生热量，来抵御自然的冷却。我们的皮肤保护着内部分子免遭破坏。细胞会不停地修复受损部件，或用全新组件替代它们，以抵消环境所造成的损伤。这样我们至少能存活几十年仍几乎保持原样。

本章中，我们将探索地球上所有的生物为了延缓这种不可避免的衰退所使用的基本方法。我将这些基本方法分为三类。第一种是生物利用它们在环境中可以找到的物质来制造自身，使其生长、修复和繁衍（图3.1）。第二种是生物利用环境中的能源来支持它们持续对抗熵的战斗。第三种是无论是遭遇艰难还是迁向沃土，生物都将自身与外界环境隔离。这三种方法在生命进化早期就已出现，而我们今天仍然依赖它们存活。

分子的构建

活细胞需要不断维护和修复。在承载着生存任务——寻找和消化食物、对抗竞争对手、逃离捕食者——的同时，细胞熟练地替换掉那些受损或老化的分子组件。想象一下，这些光辉的业绩是多么非同凡响！你无法像维修钟表一样把细胞带到店铺里修复。细胞修复不受地点的限制，且不干扰正在进行的生命过程。这就和你在路上开车的时候，同时修理汽车上旧风扇皮带一样令人不可思议。

虽应付多种挑战，细胞却能只利用其生存环境中可用的资源来生产出所有的分子装置——这是何等的创举！很多细菌可以利用少量简单的原材料（如二氧化碳、氧和氨）来构建出其所有的分子。一个细菌细胞就能构建几千种蛋白质，包括分子马达、结构框架、毒素、酶和结构装置。这个细胞同样能以不同顺序的核苷酸序列构建数百个RNA分子、多种脂质集群、糖聚合物以及令人费解的外来小分子集群。所有这些不同种类的分子都必须利用细胞采食、饮用和呼吸得到的分子，从无到有开始建造自身。

我们自己的细胞是不能完全自给自足的，而且我们也不需要自给自足，因为人体细胞可以从饮食中获得许多有用的分子。我们无法直接利用太阳的能量，因此必须食用糖和脂肪来获取能量。同时，还须从饮食中获取自身无法制造的一些氨基酸来合成蛋白质。维生素对于人体也是必需的——我们自己无法制造这种小分子，但一些酶需要它（最后一章中会对维生素进行更多的细节讨论）。然而，人体可以制造的分子有上百种之多，包括脂质、大部分氨基酸、核苷酸和糖类。人体的细胞还能制造许多执行特定任务的特殊分子，比如含有碘原子的甲状腺激素、微小的神经信号递质、天然的止痛药以及利用铁离子捕获氧的鲜红色分子等。

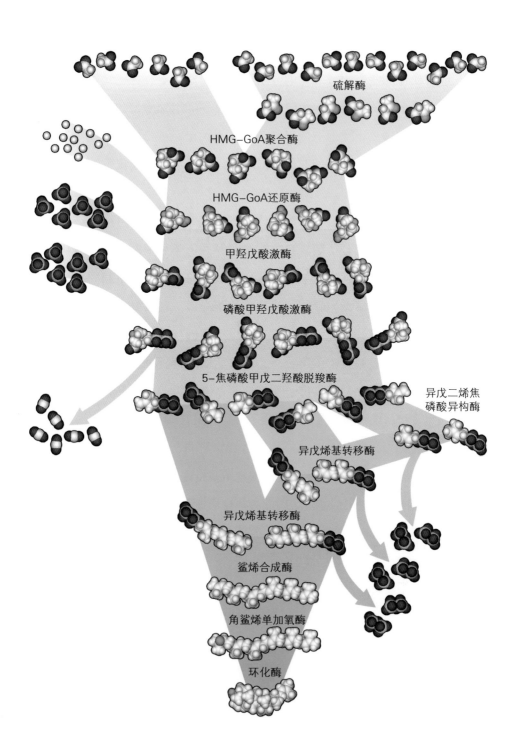

硫解酶

HMG-GoA聚合酶

HMG-GoA还原酶

甲羟戊酸激酶

磷酸甲羟戊酸激酶

5-焦磷酸甲戊二羟酸脱羧酶

异戊二烯焦磷酸异构酶

异戊烯基转移酶

异戊烯基转移酶

鲨烯合成酶

角鲨烯单加氧酶

环化酶

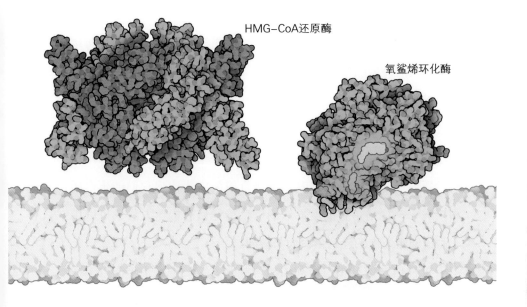

HMG-CoA还原酶

氧鲨烯环化酶

图3.2　类固醇的合成

　　人体细胞中，18个醋酸酯分子构建一个羊毛甾醇分子。如左页图中所示，这一合成过程需要12步化学反应，每一步反应都由一个专门的酶来执行。之后，羊毛甾醇用于构建胆固醇（需要多达20个以上的化学反应）和其他类固醇分子。（放大1000万倍）上图所示为类固醇合成中所需的两种酶。HMG-CoA还原酶执行前期凝结步骤之一，从而启动整个过程。氧鲨烯环化酶执行一个神奇的反应：携带一个长而薄的氧鲨烯分子，并执行将它融进厚实的方形羊毛甾醇的级联反应。氧鲨烯是非常疏水的，在细胞膜内部通常可以找到它，所以氧鲨烯环化酶绑定在细胞膜表面，将氧鲨烯分子拉入到细胞膜的活性区域。（放大500万倍）

　　活细胞通过两种方式制造它们的各个组成部分。所有的小分子（如糖和核苷酸）都是原子经过一系列的化学反应逐个形成的。在多数情况下，需要几十个步骤才能将可用原材料转化为终产物（图3.2）。细胞使用一组专门的酶来完成这些化学反应。这些合成酶快捷、高效、专一，并被高度调控，细胞只在需要的时候构建它们，不会产生浪费和副产物。正是由于这些神奇的酶，细胞才能掌控化学合成过程，这远远超出我们在实验室利用传统化学技术所能做的任何事情。

然而，这种固有方式对于构建数千种不同的蛋白质来说实在太繁冗。因为每种蛋白质都有其数百个氨基酸构成，且氨基酸排序各不相同，而细胞不可能为构建每一个蛋白质都准备专用的酶。巧妙的是，细胞可以利用次级合成的方法构建它们的蛋白质和核酸——这是一种高度灵活的信息指导型的构建方法，可以用于制造细胞所需的任意蛋白质与核酸。

这种信息指导蛋白质和RNA合成的方式，是赋予生命以多样性和持久性的中心环节。此方式有两个要求。第一，终产物必须由一些标准的组件构建。在活细胞中，这些组件是氨基酸或核苷酸，而终产物是蛋白质或核酸。第二，必须有一幅蓝图描述这些组件在终产物中的顺序。对于地球上所有生命的细胞来说，这一蓝图以核苷酸序列的形式存储于DNA基因组中。

在现代进化后细胞中，这一过程包含两个步骤。第一步称为转录，即根据DNA中的信息制造RNA分子（图3.3）。RNA聚合酶将一部分DNA双螺旋解旋，并以每秒30个核苷酸的速度构建与之互补的一条RNA链。这条RNA链是依照DNA链的核苷酸顺序逐个拷贝而来，所以它包含了与这一DNA片段完全一致的信息。当这一RNA分子包含了目标产物所需的全部信息时，RNA合成过程便停止，此RNA将被释放，并开始执行其功能。

随后，这个RNA链在另一过程中指导蛋白质的构建，此过程称为翻译（图3.4）。这条RNA链上的核苷酸序列会被读取，并按

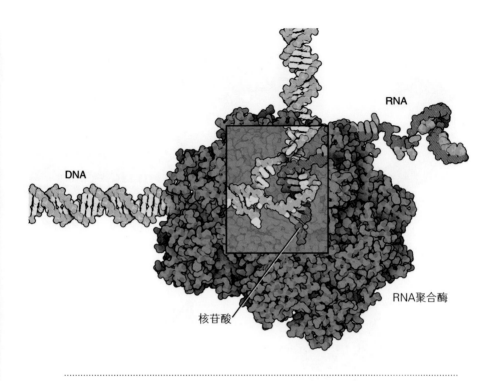

DNA

RNA

RNA聚合酶

核苷酸

图3.3　DNA的转录以构建RNA

　　图中所示的蓝色部分为RNA合成酶，它解开DNA双螺旋之后，构建一条与其中一条DNA链互补的RNA链。（放大500万倍）

照正确顺序排列氨基酸形成一个新的蛋白质（图3.4）。翻译比转录过程复杂，因为RNA的核苷酸和新蛋白质的氨基酸并不是一一对应的关系。细胞中只有4种核苷酸，却有20种氨基酸。细胞采用最为保守的编码方式来解决这一问题：RNA上的一个核苷酸三联体成为一个密码子，专一地确定一种氨基酸。例如，一个三联体C–U–G 翻译为亮氨酸，C–G–G 为精氨酸，U–A–A 则是三个"终止"密码子之一（另外两个是U–G–A和U–A–G）。这一分子编码细节使翻译的复杂程度远甚于转录，它要求超过50个不同的分子

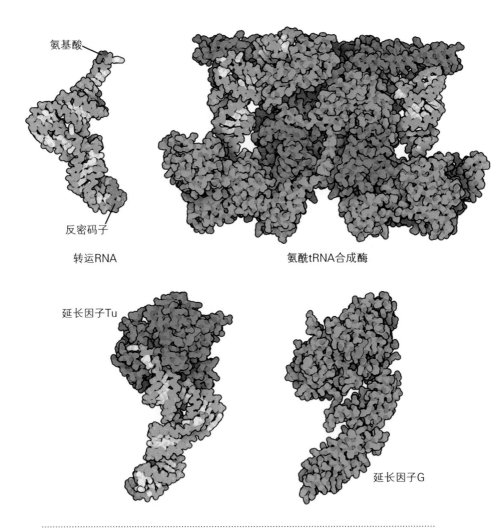

氨基酸

反密码子

转运RNA

氨酰tRNA合成酶

延长因子Tu

延长因子G

图3.4　RNA转录以构建蛋白质

　　蛋白质的合成过程需要几十种蛋白质的共同努力。图中所示为带有一个苯丙氨酸的转录RNA和苯丙-tRNA合成酶，该酶附着在苯丙氨酸上以终止转录RNA。另有19种转录RNA分子，它们每个都有自己专属的合成酶——这些转录RNA即为构建其他19种氨基酸而存在。许多蛋白质参与协助这一过程。在细菌中，延长因子Tu传递转录RNA到核糖体并提供能量。当每一个氨基酸被添加到肽链上时，延长因子G则将信使RNA链向前推动一个密码子。右页图中所示的核糖体将所有分子聚集在一起，对齐正确的转录RNA分子，并将所有氨基酸连接起来。（放大500万倍）

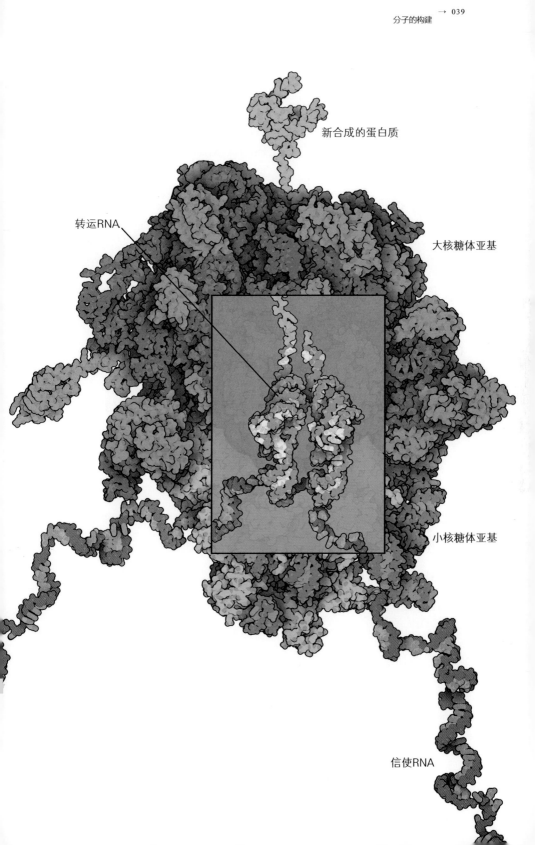

新合成的蛋白质

转运RNA

大核糖体亚基

小核糖体亚基

信使RNA

装置协同作用：一些由蛋白质构成，一些由RNA构成，剩下的则由二者共同构成。

每一个核苷酸三联体与其正确的氨基酸产生的物理匹配是由一种特殊类型的RNA执行的，称为"转运RNA"。20种不同的转运RNA分子，由位于一端的不同核苷酸三联体（称为反密码子）和位于另一端与之对应的氨基酸构成。一套相互分隔的20种酶（氨酰tRNA合成酶）将正确的氨基酸运载到相应类型的转运RNA上。随后，核糖体把所有的材料聚集在一起构建蛋白质。在许多蛋白（包括起始和终止过程中的特定蛋白，以及其他为每一步骤注入能量的特定蛋白）的协助下，核糖体沿着一条RNA链向下游移动，并把沿途排列的转运RNA携带的氨基酸连接起来。按照大约每秒连接20个氨基酸的速率计算，构建一个普通大小的蛋白质需要20秒。

信息指导RNA和蛋白质的合成是一种非常灵活的构建分子的方法。所有的信息都存储在细胞的基因组中。当细胞需要一个新的蛋白质或RNA时，这些信息便会被读出，并指导所需分子的构建。然而更重要的是，你可以通过简单修改基因组中的指令来构建全新的蛋白质和RNA。这样，你无需制造一组崭新的酶——你只需改变指令，蛋白质合成装置就会为你构建出这个蛋白。不同生物的基因组对比结果表明，在生命的整个演化过程中，所有的突变、剪切、拼接和编辑都是基于这些基因组的信息完成的。一些执行核心任务的必需蛋白质，在数十亿年中大体上保持不变。例如第1章中所介绍的甘油醛-3-磷酸脱氢酶，它在人类细胞和细菌中几乎是相同的。然而，也有些蛋白质每天都在被重塑。例如，人体的抗体基因不断地被打乱和编辑，以整合出新的抗体来抵抗感染。

基因组含有构建细胞全部蛋白的秘诀，以及何时何地、如何利用这一信息的多层指令。目前已揭晓出几十种生物的全基因组序列，例如大肠杆菌细胞（图4.2）和人类细胞（图5.2）。这些基因组的大小和复杂程度相差很大。最小的基因组——寄生性的支原体细菌，似乎可以编码约500个蛋白质。它含有编码517个基因的580000个核苷酸，并且最新研究发现，其中300个基因对于生命是不可或缺的。大肠杆菌的基因组就相当大了，约有470万个核苷酸和超过4500个基因。而人体的基因组有超过30亿个核苷酸，据预测，编码了大约3万个蛋白质。

细菌基因组是相对有组织的文档，基因一个接一个地排列着，常常组织成带有调控信息的、具有特定功能的操纵子。然而，我们人类的基因组是非常复杂和无序的。每一个编码蛋白的基因被长的DNA片段分隔成段，使得一个典型的基因比编码蛋白所需的长度长10或20倍（图3.5）。这一点相当有用：当一个基因被转录，RNA拷贝必须被编辑以去除这些多余的片段，这个过程能导致很多有益的变化和一整套额外的调控。我们基因组的一大半是由不编码蛋白质的片段填充的，其中包括大面积的重复序列和许多能够跃迁的可移动单元。

从不同生物的基因组中，我们可以看到有两股相反的力在塑造着遗传信息。基因组必须在世代间忠实地传递宝贵的遗传信息，同时基因组的突变又是生物进化不可或缺的。这是塑造生命的延续和多样性的两种力量的平衡，既保证了生物的精确繁殖，

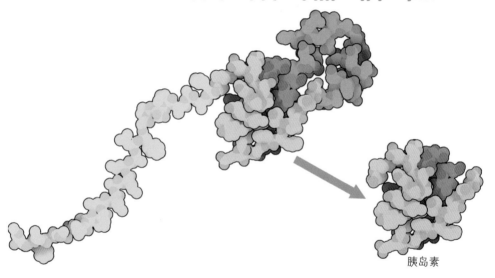

```
accccaggcc  ccagctctgc  agcagggagg  acgtggctgg  gctcgtgaag  catgtggggg
tgagcccagg  ggcccccaagg caggggcacct ggccttcagc  ctgcctcaac  cctgcctgtc
tcccagatca  ctgtccttct  gccATGGCCC  TGTGGATGCG  CCTCCTGCCC  CTGCTGGCGC
TGCTGGCCCT  CTGGGGACCT  GACCCAGCCG  CAGCCTTTGT  GAACCAACAC  CTGTGCGGCT
CACACCTGGT  GGAAGCTCTC  TACCTAGTGT  GCGGGGAACG  AGGCTTCTTC  TACACACCCA
AGACCCGCCG  GGAGGCAGAG  GACCTGCAGG  gtgagccaac  cgcccattgc  tgcccctggc
cgccccagc   caccccctgc  tcctggccgct cccaaccgc   atgggcagaa  ggggggcagga
ggctgccacc  cagcaggggg  tcaggtgcac  ttttttaaaa  agaagttctc  ttggtcacct
cctaaaagtg  accagctccc  tgtggcccag  tcagaatctc  agcctgagga  cggtgttggc
ttcggcagcc  ccgagataca  tcagagggtg  ggcacgcatc  tccctccact  cgccccctcaa
acaaatgccc  cgcagcccat  ttctccaccc  tcatttgatg  accgcagatt  caagtgtttt
gttaagtaaa  gtcctggggtg acctgggggtc acagggtgcc  ccacgctgcc  tgcctctgttg
cgaacacccc  atcacgcccg  gaggaggccg  tggctgcctg  cctgagtggg  ccagacccct
gtcgccagcc  tcacggcagc  tccatagtca  ggagatgggtg aagatgctgg  ggacaggccc
tggggagaag  tactgggatc  acctgttcag  gctcccactg  tgacgctgcc  ccggggcggg
ggaaggaggt  gggacatgtg  ggcgttgggg  cctgtaggtc  cacacccagt  gtgggtgacc
ctccctctaa  cctggtcca   ccccggctgg  agatgggtgg  gagtgcgacc  tagggctggc
gggcaggcgg  gcactgtgtc  tccctgctgt  tgtcctctctg  cctgccgct
gttccggaac  ctgctctgcg  cggcacgtcc  tggcagTGGG  GCAGGTGGAG  CTGGGCGGGG
GCCCTGGTGC  AGGCAGCCTG  CAGCCCTTGG  CCCTGGAGGG  GTCCCTGCAG  AAGCGTGGCA
TTGTGGAACA  ATGCTGTACC  AGCATCTGCT  CCCTCTACCA  GCTGGAGAAC  TACTGCAACT
AGacgcagcc  tgcaggcagc  cccacacccg  ccgcctcctg  caccgagaga  gatggaataa
agcccttgaa  ccagccctgc  tgtgccgtct  gtgtgtcttg  ggggccctgg  gccaagcccc
```

胰岛素

图3.5 人类胰岛素基因

　　图示为人类基因组中包括编码胰岛素的一个小基因片段。成熟蛋白质的产生需要多个步骤。图中大写字母代表分成两个片段的胰岛素编码序列。注意这一序列起始于A–T–G（典型的起始信号），并终止于终止密码T–A–G。信使RNA被转录并与这两个片段结合，由此合成了一个含有98个氨基酸的长链蛋白质。之后，这一蛋白链被剪切，去掉启示序列（绿色部分）和中间的环形链（橙色部分）。余下的两部分便形成所需要的成熟蛋白质（黄色和红色部分）。（放大1000万倍）

又有足够的多样性来适应环境变化的需要。如果比较我们人类和大肠杆菌的基因组，就会发现它们大为不同。我们很容易识别少数基本不发生改变的蛋白质（例如参与糖分解的酶），但从我们祖先经过一步步进化之后，大多数基因都发生了根本性的变化。如果比较我们人类和近亲的基因组，会发现它们惊人地相似，例如人类和近缘黑猩猩的基因组只有1%的差异。但是，如果你仔细研究每种基因的拷贝数量（这会改变基因的表达方式）、基因插入基因组或从中删除的方式以及广大的非编码DNA的神秘功能，会发现实际上其间差异非常大。这些差异对于我们人类的生长、发育以及为什么与黑猩猩的身体不同等方面，具有微妙而本质的影响。

然而，基因组并不是理解活细胞的唯一信息来源。基因组只是图画的一部分，而且仅在讨论活细胞的情境中才会用到。为建立一个活细胞的全面图稿，我们必须理解由基因组构建成的全部蛋白质——常被称为"蛋白质组"；我们必须理解这些蛋白质如何装配，如何相互作用——称为"互作组"；我们必须理解细胞中的其他所有分子——自我装配的脂质膜、许多不同的RNA分子、多变的多糖，以及囤积在更大的分子中间你争我赶的小分子。经过严谨的科学研究，各个谜团彼此吻合，从而形成一个活细胞的完整图稿。

能量的利用

生物在维持生命的持续战斗中会消耗大量能量。这些能量的一些用途很明显：运动和维持体温。除此之外，一些较小的过程也需要能量：控制细胞中的化学反应，并确保在恰当的时间做出正确的反应。微小的分子马达和泵利用能量在细胞中及时地转运和传递物质。持续的能量流能使细胞乃至整个生物体抵御外界环境的降温，以及抵抗缓慢而无情的岁月侵蚀。

地球上的主要能源是太阳。除了一些奇特的细菌能够通过与氢气、硫或氨发生独特的反应进行自我供能之外，大多数的生命形式最终还是依赖阳光提供能量。植物捕获阳光进行光合作用，并利用这个过程产生的能量将二氧化碳和水转化为糖分子（图3.6）。这些糖分子会被植物利用，并最终为大多数动物、细菌和真菌利用，为细胞的各种活动供能。

人体细胞中的能量大部分来自葡萄糖的分解。葡萄糖分子中的碳原子和氢原子被分解开，并分别与氧结合生成水和二氧化碳。这就是为什么我们需要呼吸空气中的氧气——没有氧气，我们就无法产生驱动细胞的能量。葡萄糖和氧气的结合是剧烈的热力学反应。这个过程我们都很熟悉，因为木头燃烧时会发生类似

··▶

图3.6　光系统和核酮糖二磷酸羧化酶

在其他蛋白质集群的协助下，这两种物质为地球上绝大多数生物提供食物。光系统利用叶绿色分子（图中上部分绿色突出显示区域）吸收光线，并利用光能推动电子能量流。此图只表现了叶绿素和其他辅助因子——实际上它们周围有蛋白链包裹。通过一个特殊的叶绿素分子中转器和铁–硫集群（图中高亮标示），主要的光能反应发生在3个亚基中每个亚基的中心。大量环绕着的叶绿素分子像雷达一样运作，采集光线并将能量像漏斗一样汇集传输到中心区域。经过几次转化，并经由核酮糖二磷酸羧化酶/氧化酶从二氧化碳产生可消化的糖分子，能量最终得到利用。

（放大500万倍）

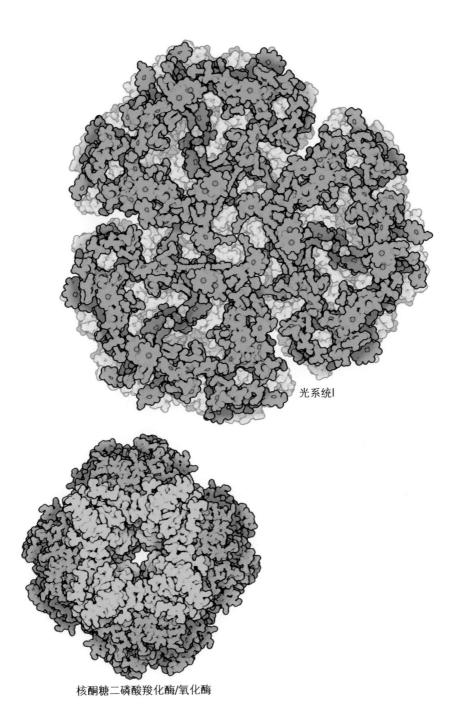

光系统I

核酮糖二磷酸羧化酶/氧化酶

的反应，而木头的主要成分就是和葡萄糖一样的多糖链。然而，人体细胞不能像火炉一样直接燃烧掉食物：所有的能量会以一阵热量的形式释放，而不能被储存和利用。相比之下，人类细胞则是采用较为间接的形式进行的。细胞在小范围内管理能量，通过许多有效的步骤分解葡萄糖分子，每一步都控制得很完美且只涉及微小的能量散失。

化学能量由特定的热力学化学反应（放能反应）获得，之后被用于驱动其他耗能的过程（耗能反应）。ATP（三磷酸腺苷）是化学能量流通的主要"货币"，它能够捕获化学能量并将其转运至需要的地方（图3.7）。ATP是一种核苷酸，与构建DNA的那些核苷酸类似，每一个末端有一串三磷酸基团。每个磷酸基团都带有一个负电荷，因此它们之间强烈地互斥。这便使ATP难于构建而易于分解。细胞利用这一优势在能源富足时构建ATP，而在耗能过程需要能量时分解ATP。例如，葡萄糖降解过程中的一些反应特别迅速，完成这些过程的酶会促使两个反应同时发生：进行快速的分解反应时则构建ATP捕获能量，而进行慢速反应时，如氨基酸与转运RNA的绑定（图3.8），则分解ATP释放能量从而加速反应。

细胞也可以利用细胞尺度的电化学电池自我供能。带电离子（如氢离子或钠离子）被排出细胞膜外。膜内外形成电势差，即电化学梯度。这就像充电电池一样，带电离子为均衡电势而进行跨膜流动，由此为其他装置提供能量。将离子排出细胞膜外有许多方法，包括ATP的分解、光的吸收、电子的能量流动等。这种电化学梯度用在很多方面，例如钠离子梯度用于神经信号的传

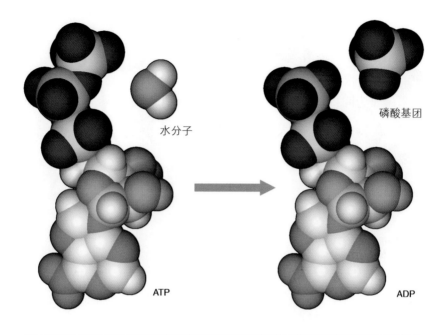

图3.7 ATP（三磷酸腺苷）

　　ATP分子的三个带有负电荷的磷酸基团是直接绑定在一起的，所以它不稳定。图中所示为水分子打开连接两个磷酸基团的化学键的过程。这一反应非常适于生命系统，并被用于推动细胞中大量的生化过程。（放大3000万倍）

导，氢离子梯度则为人体细胞中大部分 ATP 的构建提供能量。

　　物理能量被用于大量的特殊任务。蛋白质是动态装置，其不同的形状会有完全不同的功能。有些运动在可见尺度，如肌肉的蛋白质运动可使我们的手臂和腿部移动，而绝大多数运动要微弱得多。例如，抑制蛋白分子通过极小的形变差异来控制反应的进行与否——一种抑制蛋白分子形状与DNA双螺旋完全匹配，则阻碍基因的读取，而另一种形状稍微宽些的抑制蛋白不能与DNA分子匹配而脱落，则允许基因的读取。

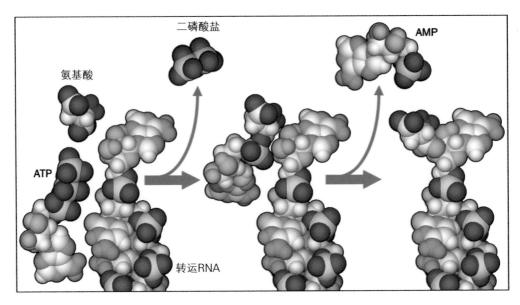

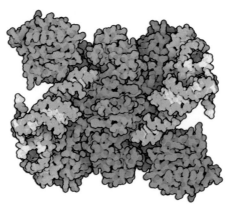

图3.8 ATP的使用

ATP被用于协助许多反应，例如将氨基酸添加的蛋白质合成过程中所需的转运RNA中。图中下部分所示为天冬氨酰–tRNA合成酶和两个转运RNA分子。每个转运RNA的末梢绑定在该酶活性区域的深处，绑定部位会添加一个天冬氨酸。如图中上部分所示，在ATP的分解驱动下，整个反应分两步完成：第一步，两个磷酸基团从ATP中失去，剩余部分与氨基酸绑定并激活氨基酸；第二步，随着AMP的释放，被激活的氨基酸附着在转运RNA上。（图中上部分放大2000万倍；下部分放大500万倍）

这些不同的能量形式经常因特定的任务而进行能量转换。例如，肌球蛋白马达利用 ATP 的分裂为肌肉的运动供能，是将化学能转化为物理运动。细菌视紫红质（一种结合蛋白）吸收光能并利用此能量泵出氢离子，产生电化学梯度。ATP 合成酶能够使三种能量形式互化，将电化学能转变为物理循环，并最终转化为化学能。在光能驱动下，植物在光合磷酸化的循环过程中产生 ATP（图3.9和图3.10），将三种类型的能量结合在一起。

防护与感知

我们与周围的世界相作用时，必须将自己的身体与周遭环境隔绝并加以保护，同时也需要感知到并响应周围环境的变化。如今，生物体已经发展出了各种分子装置来满足这种相互作用的需求。这些令人眼花缭乱的分子装置也正展现了丰富的生命多样性。前面的部分曾讨论过生命体构建分子和产生能量的基本方式，这些活动在所有的活细胞中都极其相似。但除此以外，不同环境中的生物也进行了不同的进化，以各自独有的方法来适应不同的环境。比如，细胞隔绝咸海水的机制、抵抗沙漠炎热的机制和抵抗山地稀薄的空气的机制三者完全不同。分子装置的新组合可以使生物从捕食者手中逃跑，或者改变自己的气味以逃脱捕食。

所有的活细胞与周围环境隔离的方式相同，都是由脂质双分子层构成的外层结构包围细胞。脂质双分子层是一种有弹性、能够自我修复的屏障，可以抵挡大多数分子穿过。细胞膜将细胞装置包围在内部，而将危险分子隔离在外。但是，如果这个外壳是完全封闭的，细胞就完全没办法从外界获取食物和能量了。

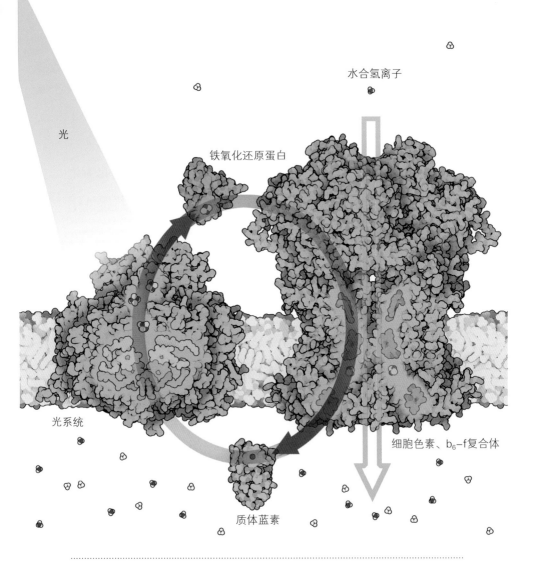

光

铁氧化还原蛋白

水合氢离子

光系统

质体蓝素

细胞色素、b₆-f复合体

图3.9　光合磷酸化循环

　　植物利用光能产生ATP，但植物体必须经过许多能量转化过程来达到这一目标。整个过程开始于能够捕捉单个光子的光合系统蛋白，并且利用光子的能量产生一些高能电子。之后，这些电子便跃过一条铁离子和铜离子链，流向几个蛋白质，缓慢释放它们自身的能量，直至回到光合系统，准备再次从光能中获取电量。当电子流经过细胞色素b₆-f复合体时，它们被用来驱动氢离子泵出细胞膜的过程，从而产生一个电势梯度。最后，由这一电势梯度驱动ATP合成酶的运转。（放大500万倍）

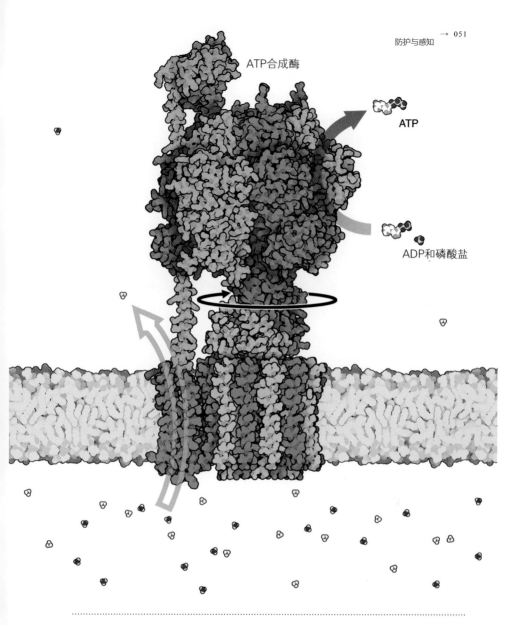

图3.10　ATP合成酶

　　ATP合成酶是分子尺度的发动机，将光化学能转化为化学能。该酶由两个用不对称的轮轴连接起来的旋转马达构成。氢离子流经埋于细胞膜下方的马达，使大型的圆柱形转子转动起来。这个转子与转轴相连，转轴位于上方第二个马达内部，带动其旋转。每个旋转转轴都使上方马达的亚基扭曲，催化制造ATP中不稳定的磷酸–磷酸键。（放大500万倍）

那么，怎样才能让养料进入细胞内部呢？为了解决这一问题，细胞构建了跨膜蛋白质泵，将分子从细胞膜一侧运载到另一侧（图3.11）。例如，一些泵专门用于将氨基酸泵入，一些则用于将尿素泵出，还有一些只进行钠和钾的跨膜交换。细胞通过这些泵精细地控制着跨膜的分子运输，运入养分同时运走垃圾。

尽管脂质双分子层如此精细，然而在较大的尺度上看仍显得单薄，因此必须进行加固才能抵御侵蚀和捕食者。我们便从此处开始，看看由进化产生的多样性是如何解决这一问题的。例如，植物细胞在其脂质双分子层外面建造一层坚固的纤维素壳。这一多糖的外壳十分经久耐用，即使在植物死亡后依然可以保存很久。此外，这种多糖还可以用于制造木材和纸张。我们体内的每个细胞存在着一种蛋白质框架，附着在脂质双分子层的内部，并与分布于整个细胞的蛋白纤维网相连（如第5章和第6章中插图所示）。第4章中将要谈到的细菌构建了两层同心脂质双分子层，并由一个坚固的糖-蛋白壳相连。

多样性是评判那些感知和响应外界环境的分子装置的准则——这也不难理解，因为环境是影响生物进化唯一的也是最主要的因素。通过自然选择，每种类型的动物和植物都已在自己特殊的生境中进化出感知、捕食和繁衍的能力。我们可以比较一下两个远亲：大肠杆菌及其宿主——我们人类。二者几乎是整个生物系中最简单和最复杂的生物：细菌具有微感知和响应其短期环境变化的微弱能力，而人体的绝大部分都具有这些功能。

大肠杆菌仅用不到5%的分子装置进行运动和感知，使其能够做出最简单的响应（第4章中将有更多的细节描述）；然而，

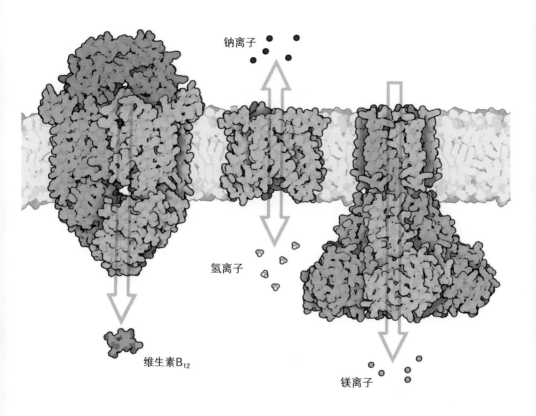

钠离子

氢离子

维生素B₁₂

镁离子

图3.11 跨膜转运

　　图中所示为大肠杆菌（E.coli）的细胞膜内多种蛋白泵中的其中三个。维生素B₁₂的清道夫蛋白（蓝色部分）把维生素运送到执行跨膜转运的泵上。插图中央所示为一个方向转运体，它按相反方向转运氢离子和钾离子。右侧的蛋白则将镁离子运送到细胞内。（放大500万倍）

　　人体要在具体、合理的感知的控制下，进行特定的、受指导的运动。我们的身体专门用于感应和运动；我们的视网膜细胞上布满了一列列视蛋白来感受光，之后光线由装满了透明晶状体球蛋白的晶状体细胞层聚焦；我们皮肤中的细胞将极长的角质素编织成毛发，而其他细胞则感知其轻微的移动。我们的神经细胞传递和处理这些和其他一些感知数据，神经细胞携带电流由同心脂质层与外界隔离，由蛋白质运送。精细准确的运动是由矿化骨细胞构成的庞大骨架完成，仅具有收缩功能的蛋白质构成的肌肉细胞负责执行，而且这个骨架和肌肉细胞由结缔组织细胞（可以构建坚固的糖和蛋白质层）胶合在一起。无论这些细胞种类多么繁多，地球上的生命都有一条共同的主线：所有这些独一无二的分子装置，都是由四种相同的分子组分——蛋白质、核酸、脂质和多糖构建的，串起了从细菌的简单性到我们身体的复杂性的多样性之线。

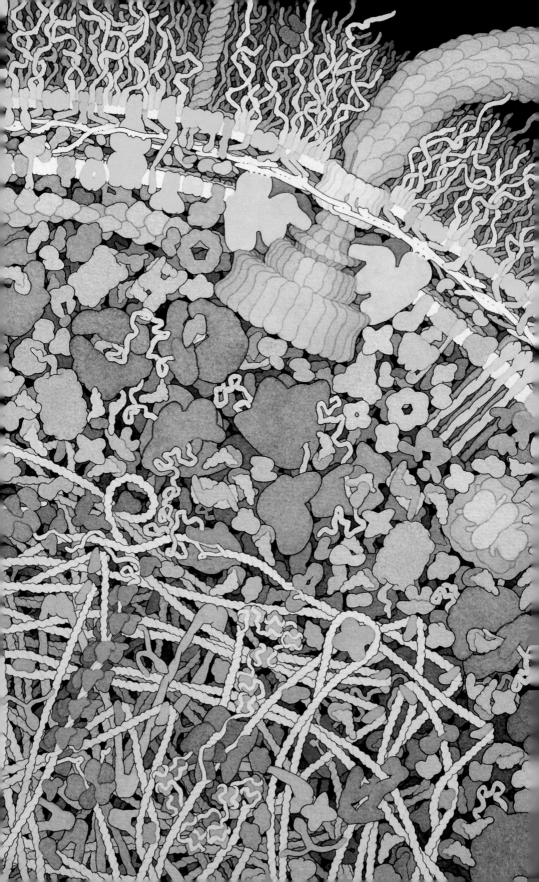

第4章

细胞中的分子：大肠杆菌

如果你想观察一个细胞，那么细菌是开始观察的最佳选择。细菌体形小、光滑且装备齐全。当资源丰富时，它们迅速生长繁殖；而当环境转向不利时，它们可以调用有效的方法渡过困境。有人也许会说，细菌是地球上最成功的生物。从冰冻的水域到沸腾的温泉，几乎任何地方都有它们的身影，而且它们已经发展出各种办法来开发所有可能的食物资源。

◀ ···

图4.1　细菌细胞内部

当近距离看大肠杆菌细胞时，我们可以观察到有组织的、忙碌的生命活动。这幅图是将一个细胞放大到单个分子可见的程度（放大100万倍），我们仅能观察到较大的生物分子，包括蛋白质、核酸、多糖和脂质细胞膜。而它们之间的空隙被水、糖、核苷酸、氨基酸、金属离子和其他许多小分子所填充，如图4.3所示。

当观察细菌的时候，大肠杆菌当仁不让地成为探究细节的最佳选择。大肠杆菌是目前科学界研究得最深入的细胞生物。自1885年由西奥多·埃希氏发现至今，它已经成为生物化学研究的中心。一部分原因是其容易获取且易生长繁殖，而另一部分原因则全然是机缘巧合。在许多影响深远的生物化学发现中，如遗传密码、糖酵解和蛋白合成的调控，大肠杆菌细胞的研究都扮演着重要角色。利用纯化的蛋白质和含有突变蛋白的菌株，我们可以在大肠杆菌细胞中研究许多生命基本过程。

科学家们最近一直在观察研究整个细胞，尝试揭示它各组成部分协同工作的方式。大肠杆菌是最早全面测序的物种之一，如今我们能够通过其基因组来了解整套蛋白质计划。此外，通过对蛋白组和互作组所进行的大量分析，我们对整套蛋白质及其在不同环境条件下的互作和变化有了更全面的认识。通过将这些信息与大肠杆菌生物分子的原子结构进行整合，我们已拿到一份近乎完整的部件清单和细胞的详细说明书（图4.1、图4.2和图4.3）。

水是典型大肠杆菌细胞中的主要成分，占细胞重量的70%。其余的30%由蛋白质、核酸、离子和全部其他分子构成。听上去细胞里面像是有许多水，但实际上胞内浓度比常见的液体浓度要高得多。例如，鸡蛋清是由90%的水和10%的蛋白质构成的一种黏稠混合物——然而，细胞比它更黏稠，细胞内形状和大小各异的分子们紧密排列着。大肠杆菌基因组编码超过4300种不同的蛋白链和191种不同的RNA分子。这些分子承担着约1250种酶促反应和255个转运任务。约1220种类型的小分子——包括氨基酸、核苷酸、糖和许多其他分子——在大分子之间的空隙穿行。显然，这

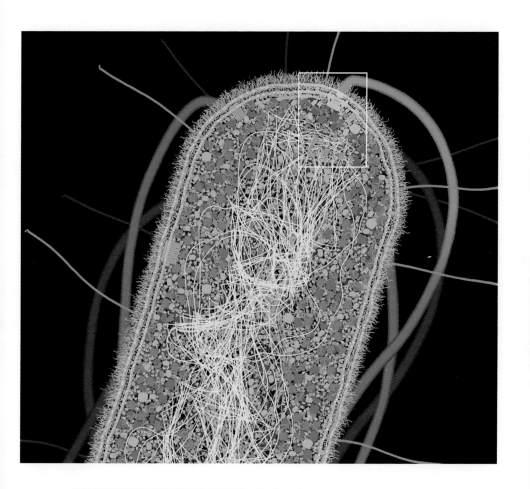

图4.2 大肠杆菌细胞

从概念上讲这个细胞的整体架构很简单，但其细节却极为复杂。每个细胞都有双层细胞壁包裹，并将所有的溶质囊括其中。长螺旋形的鞭毛由嵌于细胞膜内的鞭毛马达驱动。菌毛则向各个方向伸展，如果细胞找到一块栖居之地，菌毛即成为锚链。细胞内部大致分为两个区域——可溶性区域（包含大部分核糖体和酶）和核心区（主要由卷曲的DNA基因组所填充）（放大10万倍）。图中方框部分放大后即为图4.1。细胞整体形态如图1.1所示。

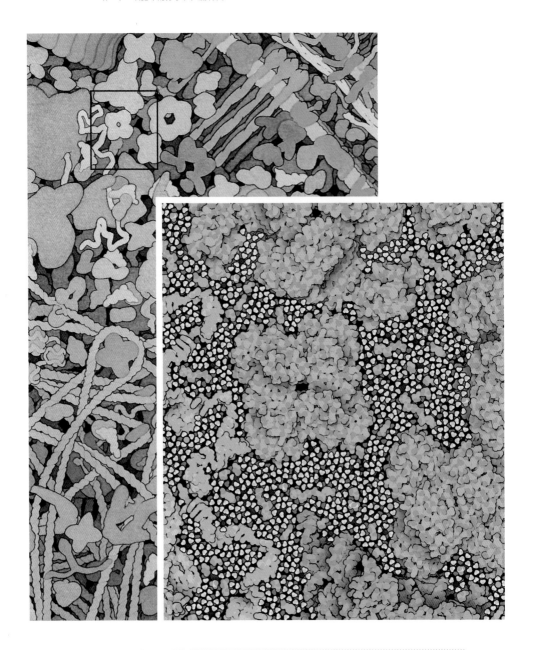

图4.3　水和小分子

　　这幅图描绘的是大肠杆菌细胞在更高放大倍数下的其中一小部分，我们可以
观察到大分子蛋白质和核酸之间拥挤在一起的小分子：氨基酸、糖、ATP以及其
他许多小的有机分子饰为粉色；金属离子饰为亮红色；磷离子饰为黄色和橙色；
氯离子饰为绿色；其余空间充满了水分子，饰为青色。（放大500万倍）

个微小的细胞是一个繁忙之地！

保护屏障

每一个大肠杆菌细胞都由一个多层结构的细胞壁包围（图4.4）。细胞壁扮演着很多重要角色，但它首要功能是作为隔绝细胞与危险环境的保护性屏障。最外层的膜是细胞的第一道防线，它由脂质双分子层构成。膜中含有特化的脂质——脂多糖，它们构成了细胞外表面的绝大部分。脂多糖是末端附着一小束脂质的长串多糖，脂质锚定在细胞膜内的分子上，而多糖链沿着周围的脂质形成一层胶质的保护性包衣。我们的免疫系统实际上利用的正是这些脂多糖，在细菌开始入侵身体的时候识别它们，然后由抗体识别脂多糖并动员自身的防御来抵抗感染。

然而，外层膜并非完全不可穿透。它是阻挡大型危害的一个粗制过滤器，小分子（如食物分子）则可以轻易通过。外层膜分布着膜孔蛋白，它们形成穿越膜的小孔。对于养分和离子来说，这些孔足够大，可轻松通过。而对于分子装置来说，这些孔却太小，无法穿出。外层膜也锚定着许多菌毛。通过外层膜上特殊的通道蛋白，这些长而纤薄的蛋白质复合体被逐渐挤压出细胞。菌毛具有黏性末端，当细菌找到一个"休憩之处"，它们就会粘在上面。特殊的菌株会产生具有重要功能的菌毛。病原细菌的菌毛可以使它们附着于人类细胞，并且抵御免疫系统细胞的攻击。

两层膜之间的空间称为外周胞质，它里面含有支撑细胞细长形状的主要支持结构。这个支持结构实际上是一个坚固的肽聚糖层，即多糖和蛋白质的交联网，紧贴外膜而建。它像网状袋子

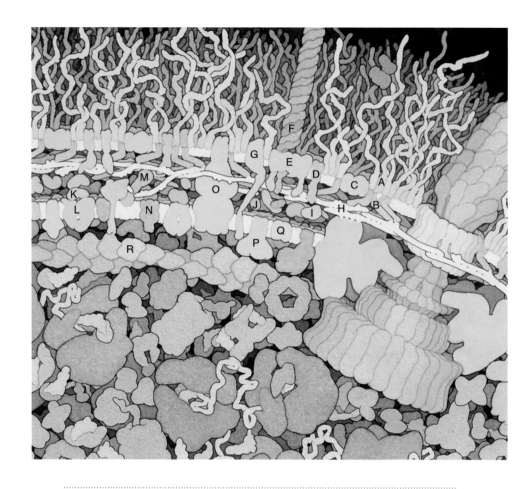

图4.4 细胞壁

    大肠杆菌的细胞壁由两层同心膜构成，两层膜之间由外周胞质填充。外层膜上的分子包括脂多糖（A）、脂蛋白（B）、膜孔蛋白（C）、八甲基焦磷酰胺（D）、菌毛接入器（E）和离子转运蛋白FhnA（G）。外周胞质包括支撑性的肽层（H），以及许多诸如β–内酰胺酶（I）和超氧化物歧化酶（J）的小型保护性酶。还有一组同心膜绑定蛋白（K），它们将养分运送到位于内层膜的转运单位上，如维生素B_{12}转运器（L）。内层膜包含的分子装置种类繁多令人称奇，包括构建肽鞘（M）、机械感应通道（N）、多向抗性药转运器（O）、离子转运器（如镁转运器（P）和钾/氢反向转运器（Q）的多种酶。神奇的是，细菌的细胞壁往往由一个简单的骨架支撑，如类肌动蛋白MreB（R）。

一样套住整个细胞，为其提供硬度和支撑。肽聚糖壳通过某类蛋白质锚定于外层膜。这类蛋白质包括小分子脂蛋白和外膜蛋白A（OmpA，Outer membrane protein A的缩写），其中脂蛋白由连有脂质分子的小蛋白组成，而外膜蛋白A埋于外膜且与肽聚糖链紧紧相连。肽聚糖层为细胞提供的支撑力这一点很重要，如同细胞的"致命点"。许多重要的抗生素，如盘尼西林（青霉素），就是通过攻击构建肽聚糖层的酶来杀死细菌细胞的。当盘尼西林发挥作用时，细菌细胞便因无法形成肽聚糖外壳而失去了固定形状，最终在渗透压的作用下胀裂死亡。

在外周胞质中，肽聚糖链周围漂浮着许多小蛋白质分子。这些蛋白兢兢业业地对进入细胞的分子进行初选。它们中的大部分用来收集一种特殊的养分（如糖或氨基酸），并将其传递至内层膜以备向内运输。外周胞质中还含有一些消化食物分子的酶和少量保护性酶，分别用来将食物分子切成小块向内运输，以及在有毒化合物扩散之前解除毒性。例如能够分解活性氧的超氧化物歧化酶，以及能销毁药物如盘尼西林的β-内酰胺酶。

内层膜（又名"细胞质膜"）充满了用于转运、感知、产生能量及执行其他各种任务的蛋白质。内层膜的部分作用是作为细胞的保护屏障，它像细胞壁的选择性过滤器一样行使其功能。与外膜不同，内膜是密封的，阻止分子随意穿越。内膜上有许多选择性蛋白质泵，用来定位所需分子，并根据需要向内或向外转运它们。其中一些蛋白质泵（如钙离子泵）需要ATP的能量来转运货物。

质膜也含有一些抵抗普通侵害的保护性措施。大型的多药抗性转运体横跨整个细胞壁，聚集毒性分子（如药物和毒素）并将它们泵至细胞外。微小的机械感应蛋白McsL（Mechanosensory的缩写）可以感受到细胞膜的张力。如果细胞内部压力过大，这种蛋白会像鸢尾花一样开放，可以暂时释放压力。

蛋白质的合成

每个大肠杆菌细胞中超过一半的分子以不同的方式参与到蛋白质的合成中（图4.5）。一个典型的生长中细胞，有5000个RNA合成酶用于将DNA转录为RNA，而超过2000个核糖体甚至在RNA链尚未合成完毕时，便开始合成蛋白质了。20种转运RNA分子环绕在核糖体周围，运送氨基酸并将其添加到正在合成的氨基酸链中。20种氨酰-tRNA合成酶将新的氨基酸与对应的转运RNA分子相连接。大量蛋白质因子诱导这一过程开始，引领合成中的每一个步骤，并在恰当时机终止新蛋白质链的合成。然后，伴侣蛋白协助完成蛋白质的折叠。最终，这个蛋白质被使用完以后由蛋白酶体（如ClpA）销毁。蛋白质的生命从开始到结束的每一步都由细胞的分子装置谨慎地控制着。

除少数蛋白质外，绝大多数蛋白质是由大的环状DNA编码而成。这些环状DNA直径约半毫米，含有472万个碱基对。细菌也含有一些小的环状DNA，称为"质粒"，它们仅能编码两到三种蛋白质。质粒可在细菌细胞之间轻易转移，分享重要基因。例如，质粒常常编码攻击抗生素的蛋白质，通过在不同细胞间的转移，可将对抗生素的抗性扩散到整个菌群。质粒已在生物技术中大量使用，这种广泛应用使整个遗传工程产业成为可能。

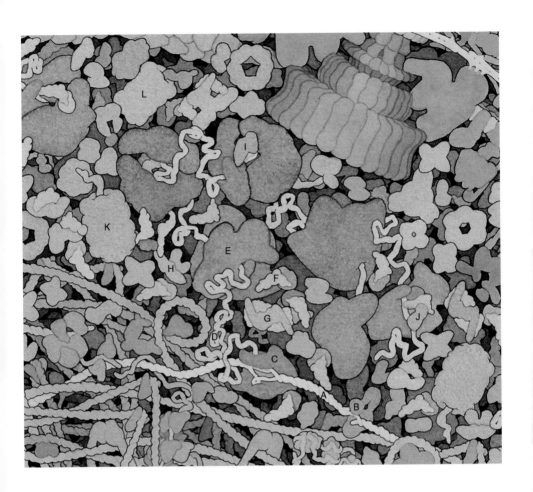

图4.5 细菌细胞壁中蛋白质的合成

遗传信息的转录和翻译是由细胞内部50多个分子装置协同完成的。遗传信息存储于一条大型的环状DNA（A）中。DNA拓扑异构酶（B）协助RNA合成酶（C）解开DNA链，并构建一条信使RNA链（D）。之后，核糖体（E）基于RNA链携带的信息，利用转运RNA（F）搭载的聚集成团状的氨基酸，进行蛋白质的合成。氨酰–tRNA合成酶（G）将正确的氨基酸附着在转运RNA上。整个过程在延长因子Tu和Ts（H）以及延长因子G（I）指导下完成。引发因子（J）通过到达第一个转运RNA，并剪切掉核糖体的两个亚基来启动整个过程。最终，伴侣蛋白（K）协助折叠新的蛋白质，蛋白酶ClpA（L）销毁废弃的蛋白质。

　　在显微镜下观察细菌细胞，你能在中心看到一个与核糖体相隔离的区域，称为"类核"。DNA链被紧凑地装进类核中，类核则像筛网一样将大型分子隔离在外。在这里发生了许多事情（图4.6）。首先必须解决一个物理问题：怎样将直径半毫米的环状DNA装进一个小于自身大小百分之一的空间里？细菌自有办法，它们用几种DNA包装蛋白（如HU、fis、H–NS和LRP）完成了这一过程。这些蛋白质能够使DNA弯曲，将两个邻近的链连在一起，把DNA缠绕成密实的小束。同时，它们也可以轻易从DNA上脱落，以便DNA中的信息得到阅读。

　　缠绕在一起的DNA链还引发一些拓扑结构的问题。RNA合成酶作用下的缠绕和解旋过程会引起讨厌的打结现象，而当细胞分裂时，打结的DNA环又必须被拆分开，这时便用到了DNA拓扑异构酶。它们在DNA双螺旋上审慎地剪切，使双螺旋结构松懈或使打结的DNA链绕过彼此。完成这些工作后，它们又准确地将DNA链重新连接起来。

　　细胞还须控制每个基因发生作用的时间和地点。基因组DNA中的信息是被高度调控的。大量阻遏物和激活物与每个基因发生相互作用，并决定它们何时被用来制造蛋白质。例如，乳糖阻遏物与基因的起始区域相互作用。此区域包含乳糖代谢过程中的4个蛋白质的编码。当乳糖匮乏时，阻遏物与DNA结合以阻止基因的表达；而当乳糖充足时，阻遏物会发生形变而从DNA上脱落，而后基因被转录，生成乳糖代谢所需要的蛋白质。

　　细菌细胞也监控着它们的基因组，一旦发现损伤就会快速修复。许多机制都在持续运行。最简单的防御机制是用单个酶搜索

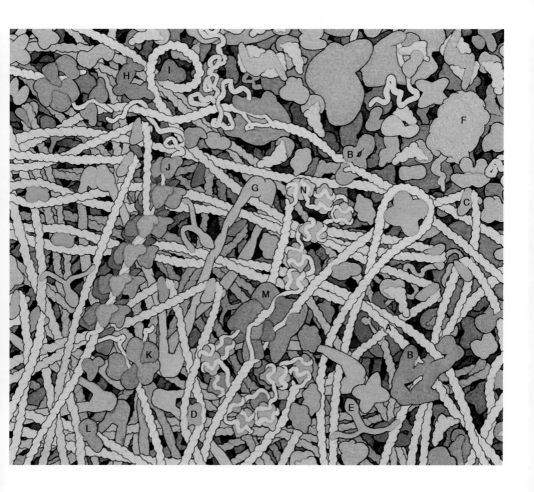

图4.6 类核

　　类核中的蛋白质用来保护、修复、控制并复制储存在DNA中的遗传信息。
DNA拓扑异构酶（B）打开大型环状DNA（A）中的结扣和蜷曲，而蛋白质（如
HU（C）、Fis（D）、H-NS（E）、LRP（F）和SMC（G））则将DNA装进细
胞的狭小空间中。DNA中的信息由抑制剂（如lac抑制剂（H））的反向作用，
以及活化剂（如代谢活化蛋白（I））加以控制。DNA损伤的修复由蛋白质（如
RecA（J）和RecBC（K））完成，而配对错误则由酶（如MutM（L））校正。
在单链DNA绑定蛋白（N）的帮助下，DNA聚合酶制造DNA的新拷贝。

受损的碱基。例如，MutM蛋白寻找受损的鸟苷酸碱基，在其引发基因突变前将其移除。细胞也有一些强大的机制来修复更大面积的损伤。其中一种是由RecABC系统执行，通过受损DNA链与完好DNA链配对的方式，进行终端DNA的修复（详见第7章）。当然，这需要有一条未损伤的DNA链作为修复的模板。幸运的是，典型的大肠杆菌细胞在不停地复制DNA，所以会有几套环状DNA备份。

复制开始于DNA环上的一个特定位点，该位点聚集了两个DNA聚合酶分子。它们自发地向反方向复制DNA，在环的另一侧位点终止。大肠杆菌中的DNA复制非常高效。DNA聚合酶每秒钟添加800个新的核苷酸，50分钟即可完成整个环的复制。然而，在一个快速生长的大肠杆菌培养基中，细胞每半小时分裂一次，因此在细胞分裂之前并没有足够的时间完成整个基因组DNA的复制。而大肠杆菌细胞巧妙地解决了这一问题：它们在前一轮复制完成之前就已经开始了新一轮的DNA复制。也就是说，当一轮复制完成、两个环分开的时候，下一轮复制已经进行了将近一半。细菌细胞多么善于利用它们的环境啊！

细胞的供能机制

大肠杆菌细胞中约四分之一的分子用来生产能量（图4.7）。大肠杆菌通常生活在我们的肠道中，所以它们很容易获取能量：简单消化一些我们所吃的食物即可。而其他细菌生活环境可能就没有那么适宜，需要迫不得已利用各种奇怪能源，如温泉中的氧化硫复合物。总的来说，大肠杆菌细胞过得轻松自在，因为我们直接为它们提供食物。

　　产能的第一个步骤发生在细胞外。消化酶被分泌到细胞周边，把食物分解成易处理的小块后运送进细胞。之后，真正的工

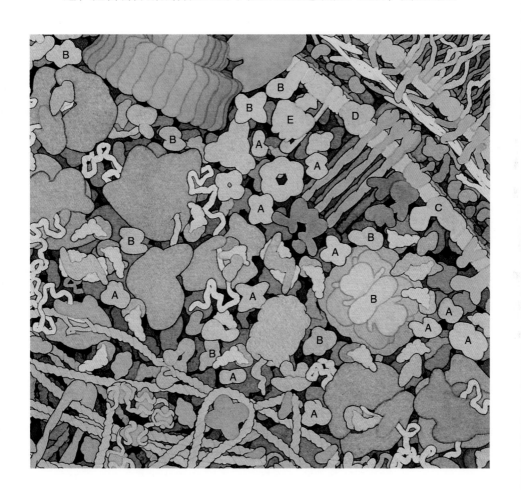

图4.7　能量的产生

　　从食物中摄取能量的酶分散于细胞内膜和细胞质中。这些酶包括糖酵解酶（A）和柠檬酸循环酶（B）等。少数一些酶，如NADH脱氢酶复合体（C）、泛醌氧化酶（D）和ATP合成酶（E），参与细胞内膜上质子浓度梯度的建立与利用。

作便开始了。大肠杆菌细胞产生各种类型的酶分解食物分子，并利用能量制造ATP或电化学梯度。不同类型酶的产生取决于食物分子的种类——有些酶代谢葡萄糖，有些攻击氨基酸，还有一些则进攻脂肪，它们会根据需要而被调用。如果细胞无意间进入一个天冬氨酸浓度较高的环境，那么它将构建同化天冬氨酸的酶。

如果周围环境含有氧气，大肠杆菌细胞就会启动一个与我们的中央产能系统非常相似的多步骤系统。糖酵解是第一步，在这个过程中葡萄糖经过10种酶醋反应转变为两部分。和所有细胞的化学转化过程一样，糖酵解由多个步骤完成，而且每一步都受到精细的控制。其中的两个步骤最有活力，可以产生两个ATP分子。许多生物进行到此就停止，然后开始使用ATP的能量并将乙醇排出（这就是酵母发酵产生酒精制造葡萄酒和啤酒的过程）。

然而，我们人体的细胞和大肠杆菌细胞添加了额外的步骤，以从食物分子中获取更多的能量。在三羧酸循环中食物被完全分解成二氧化碳。与糖酵解一样，三羧酸循环是一系列的化学反应，每一步都由专门的酶控制。当分子被降解，高能电子被一些载体分子捕获。这些电子就是我们代谢产能的主要来源。

在最后一步（即呼吸作用）中，电子流穿过一系列的蛋白质（如巨大的NADH脱氢酶复合体）到达质膜。最终，泛素氧化酶用氧分子代替这些电子，将它们与氢离子结合转化为水。这一电子流是一个高能过程，用于驱动跨膜转运氢离子的蛋白质泵。这种强大的电化学梯度可以执行许多有用的任务，如驱动巨型马达转动鞭毛、驱动ATP合成酶（每转一圈便产生三个ATP分子）等。

细胞的螺旋桨

大肠杆菌细胞的小体积会严重影响其与周围环境相互作用的方式。对它们来说，重力不像在我们人类生活中那样具有压倒性作用，周围水的持续压力要比重力作用重要得多。在小尺度上，水不再像我们平常理解的那样是一种流动的液体。比如对于小昆虫来说，水的表面张力可以使它在池塘水面上滑行，而对于人类来说，庞大的身躯会压垮水温和的力量而使我们栽入水底。对于细胞来说，这种差异则更为明显。细胞生活在稠密有黏性的水中，几乎感觉不到重力。当从一处移向另一处时，它们大部分的能量用于推动黏稠的液体，而非从地面上举起自身的重量。

例如1976年爱德华·米尔斯·珀塞尔[1]在他的讲座"低雷诺数下的生命活动"中提到的惊人现象：大肠杆菌利用像螺旋桨一样的长螺旋形鞭毛，推动细胞在水中前行。典型的移动速率为30 μm/s（30 μm相当于细胞长度的10或15倍）。但是当停止转动鞭毛时，它们便不再像一艘船或潜水艇那样滑动，而且周围的水会迫使它们在一个水分子直径的距离内立即停下。

鞭毛马达是生物分子世界中的一个奇迹（图4.8）。这种马达跨越整个细胞壁，以每分钟18000的旋转速率转动。每次转动是由1000个氢离子穿过内膜而形成的离子流驱动。它的神奇之处在于可以根据需要按照顺时针或逆时针转动。当马达按照一个方向转动时，细胞上所有的鞭毛会缠绕成一束，共同推进细胞穿行于周围的水中；而如果马达调整了转动方向，鞭毛便分开并向四面八

---

[1] Edward Mills Purcell, 1912–1997，美国物理学家，因成功利用NMR技术揭示原子结构而于1952年获得诺贝尔物理学奖。

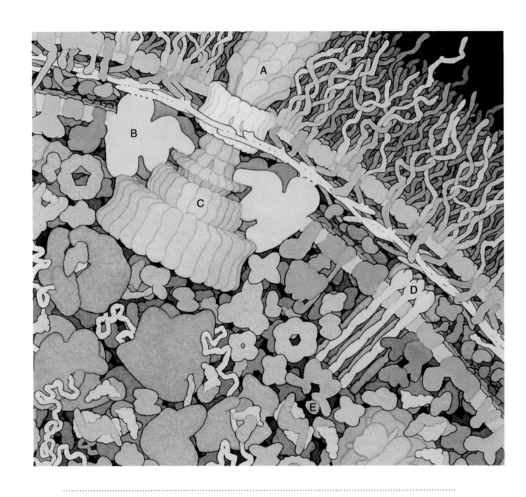

图4.8　鞭毛马达

　　长的螺旋形鞭毛（A）是由复杂的鞭毛马达转动，该马达由马达蛋白（B）和一个大型的圆柱形转子（C）组成。控制鞭毛马达的感受蛋白，如天冬氨酸受体（D），监控着营养物质的水平。当鞭毛需要运动时，可溶性蛋白（如CheY（E））便向马达传递信号。

方挥舞，导致细胞停止移动并原地转动。

　　细菌面临着严峻的导航问题。由于它们实在太微小了，所以无法瞄向正确的方向。一个细菌细胞无法看得太远，也看不到食物在哪个方向。因此，在寻找食物时大肠杆菌细胞有效地结合了其鞭毛"游泳"和"打滚"的特性。每个细胞使用阵列感受器来确定附近的食物含量，然后沿任意方向游动，并测量那里的养分水平。如果养分水平增加，那就意味着情况渐入佳境，它就会沿着这个方向继续游动；如果情况相反，感受器阵列便向鞭毛马达发送转向的信号而使细胞打滚，重新挑选一个更好的方向后再游动。在我们的肠道这一养分和水分充足的环境中，这种近乎随机的方式足以滋养大肠杆菌细胞。

分子之战

几百种不同类型的细菌细胞，包括大肠杆菌，与我们和谐共处。它们栖居在人体脏器中但从不带来问题。经过长期的进化，我们已经和细菌群落达成了精妙的休战协议。细菌拥有了一个温暖的庇护之地，有持续的食物供给它们生存繁衍。作为回报，我们从它们那里获得几种重要的维生素——对生命非常重要而我们自身的细胞无法制造的分子，如维生素K和维生素B_{12}。这些细菌还可以协助消化那些极有韧性的食物分子，如一些素食中的难消化的碳水化合物。大多数情况下，我们和这些细菌之间的关系是友好的，双方各取所需。这是件好事，因为我们脏器中细菌细胞数目是我们人体全部细胞数目的10倍！

不难想象，肠道也并非是一个十全十美的环境。细菌既要保护自身免于消化酶和抗体的干扰，同时又要避免被消化系统冲走或消化。聪明的细菌利用包围着它们的黏性多糖包衣解决了这个问题。多糖包衣会形成一层生物膜，使细菌粘在原地，并抵抗我们人体的酶和抗体的进攻。它们还构建出长长的菌毛和其他一些黏性蛋白质，将自身锚定在肠道壁上。对于拥有一个健康的肠道菌群而言，良性细菌的这层包衣也许是很有利的。因为它们占据了所有可用的空间，阻挡病原细菌的附着，有助于保护我们免于危险菌种的感染。

正常情况下，这些细菌细胞相当温和而且颇有益处，但是当它们进入不该进入的区域后就会引发一些问题。例如，如果肠道有一处受损，细菌细胞能够穿过肠道黏膜而到达身体的其他部位。我们的身体对此有严格的防御，时刻准备抗击类似的感染。血液中充满了抗体以识别、锁定细菌，并由免疫系统将其摧毁；还有一整套蛋白质系统——补体系统（详见第6章），这是为了寻找细菌细胞并在其细胞壁上穿孔而专门构建的蛋白系统。

大肠杆菌偶尔也会表达一些会产生毒素分子的基因，转而成为病原细菌。它是旅行者腹泻的主要肇因之一，旅行者的免疫系统受到不熟悉的大肠杆菌外来菌株的攻击，其中一些外来菌株会产生直接攻击细胞的毒素（详见第9章）。这类病毒大多可通过烹调将其杀死，所以食用煮熟的肉类会减少食物中毒的机会。

幸运的是，我们有强力的药物来对付这些捣蛋鬼。这些药物攻击细菌细胞的不同分子，妨碍它们必需的生命过程。比如盘尼西林能够阻止构建肽聚糖网络的酶，严重地削弱细胞的力量。而细菌也已找到回击的方法，具有抗药性的菌株可以制造一种分解盘尼西林的酶，保护细菌细胞免受攻击。这导致了一场逐步升级的生物学战争：在这场战争中我们开发新的抗生素药物，细菌则努力寻找避开这些药物的途径。

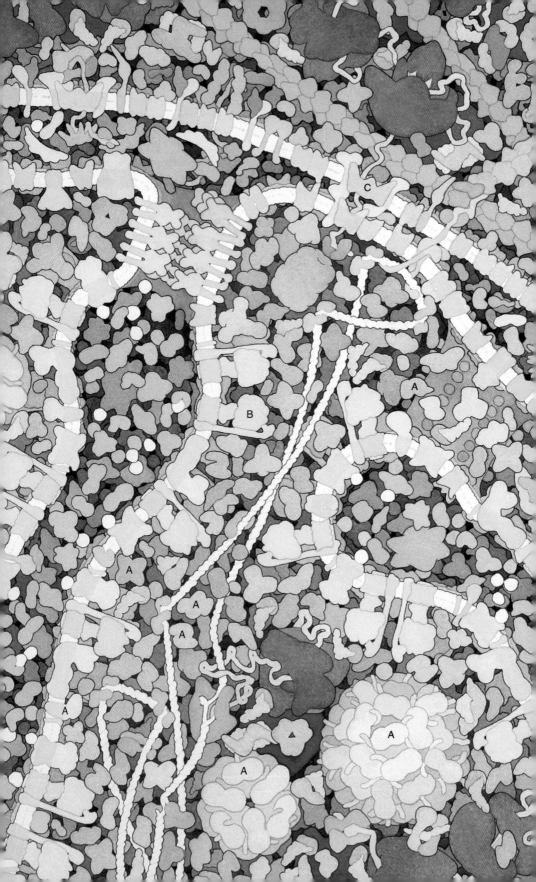

第5章

人类细胞：区室的优势

人类的身体由数万亿细胞构成。与细菌细胞一样，我们身体每一个细胞（少数除外）都有用于基于基因组信息蛋白质构建的DNA、聚合酶和核糖体。每个细胞都充满了用于生产和分解各种

◄ ···

图5.1 细胞区室

与简单的细菌细胞不同，人体细胞里布满了执行不同任务的区室。线粒体执行的首要任务是合成ATP，此图为横截面图。最内侧区域有参与柠檬酸循环（A）的酶，折叠的内膜则为制造驱动ATP合成酶（B）的电化学梯度提供了必要的分隔空间。内膜是人体细胞中蛋白质分布最为密集的膜：有些科学家估测，该膜的四分之三由蛋白质构成，并由足够的脂质将其固定在一起。将此图和图4.1大肠杆菌插图进行比较，我们会发现它们的线粒体含有非常相似的蛋白质合成装置，DNA、RNA和核糖体则完全相同。然而，线粒体并不能完全为自身生产所需的全部蛋白质，其中一些必须由内外膜上的特定转运蛋白（C）从细胞质中运送至线粒体内。（放大100万倍）

分子的酶，而这些分子也是细胞生长和产能所必需的。每个细胞都包裹了坚韧的细胞膜，膜上填充着通道、泵和感受器。但是，我们的细胞都远比细菌细胞体积更大、更复杂。细菌擅长迅速生长，而我们的细胞则执行复杂而专一的任务，持久且数年如一日地坚守岗位。

通过观察细菌细胞和动物细胞之间的异同点，科学家们发现了生命进化中的一个突破性事件。简言之，类似细菌的细胞可能已经存在了至少20亿年，并且大部分基本的生命分子装置已经构建得较为完善；15亿年前，一种新的细胞形态出现了：较大的细胞里填充着许多小而相互分隔的区室，每一个区室都由自己的防水膜包围——这种新型细胞的扩增是细胞进化中的一个重要突破。随后，发展出了两条截然不同的谱系：那些简单的细胞将分子装置杂乱地堆放在一个区室中，它们是细菌和古细菌的远祖；新的区室化细胞则用于其他所有生命形式，包括原生动物、真菌、植物和动物。

令人惊叹的是，在显微镜下观察，有些区室看起来就像一个完整的细菌细胞。与大肠杆菌相比，人体细胞中的线粒体（图5.1）有着相似的形状、大小和架构。例如，线粒体由两层膜包被，外层膜镶嵌的蛋白质会使人联想起细菌膜孔蛋白。内层膜折叠在线粒体中，填充着转运和产能的蛋白质，也与细菌的蛋白相似。更令人称奇的是，当你观察线粒体的内部时会发现，它有自己的DNA、转运RNA与核糖体，全都用于构建其自身的蛋白质。这些非同寻常的相似性催生了线粒体（和叶绿体）起源理论，并且现如今这个理论已被大家广为接受。该理论认为，在遥远的过去，细菌细胞生活在另一个细胞内部，或是作为寄生物进入，或是在被吞食的过程中存活下来，然后继续在这个舒适、受庇护的细胞环境中生长繁殖。如今，我们的线粒体仍然在细胞内分裂和繁殖，但依赖的是细胞其余部分为其提供的许多重要蛋白质和营养物质。

人体的每个细胞都有数百个区室。这种区室是细胞生命的一个显著优势，它们的存在使得许多基本的生命过程有了额外的调控。单个任务，如合成蛋白质或者生产能量，可能会在一个封闭的小空间中进行，工作效率和在小体积的细菌细胞中相同。因为有指导分子转运的装置，分子在这个小空间中是可以随意被运至各处的。这使得较大的细胞可以时刻对各个进程有更多的直接控制，以及更为精密的监察与保护机制。图5.3–5.6中，我们将会穿越人体细胞，对这些不同的区室进行一个短期的旅行探索。

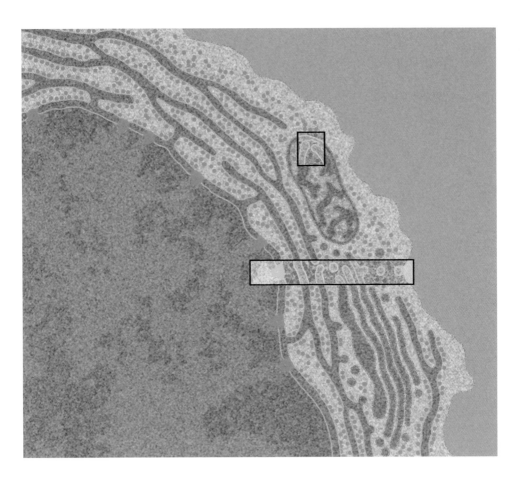

图5.2　人类细胞之旅

　　血液中的血浆细胞，即图中典型人类细胞上的长方形区域，在图5.3-5.6中将被放大显示。血浆细胞专门用于生产抗体，我们的旅行将从沿着抗体合成和分泌的路线展开。从存储遗传信息的细胞核出发，之后经过内质网上的蛋白质合成工厂，到达高尔基体上的分流站，然后穿过细胞质，最终抵达细胞表面。上方的正方形区域放大后为图5.1。（放大10万倍）

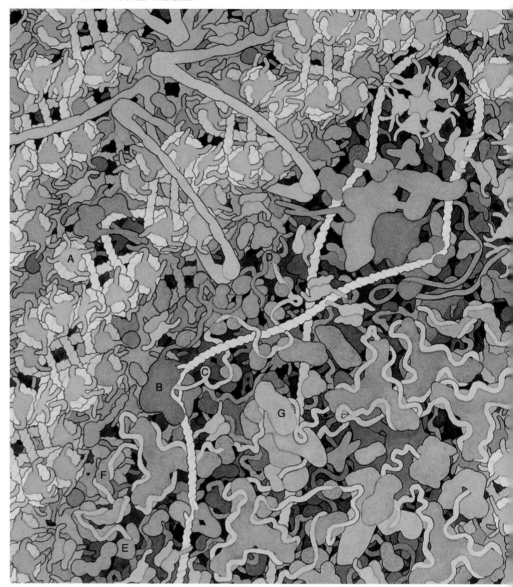

图5.3 细胞核

　　细胞核是细胞的文件库，存储着专用的DNA链，并保护它们免于严酷的细胞质环境。大量的DNA缠绕着组蛋白形成小体积的核小体（A），借以压缩和保护DNA。当需要使用DNA时，DNA便松散开来，并由RNA合成酶（B）阅读产生信使RNA（C）。这一RNA分子随后便经历下述过程：加帽酶（D）保护其中一端，多聚腺苷酸绑定蛋白（F）保护另一端，而且多聚腺苷酸合成酶（E）在这端添

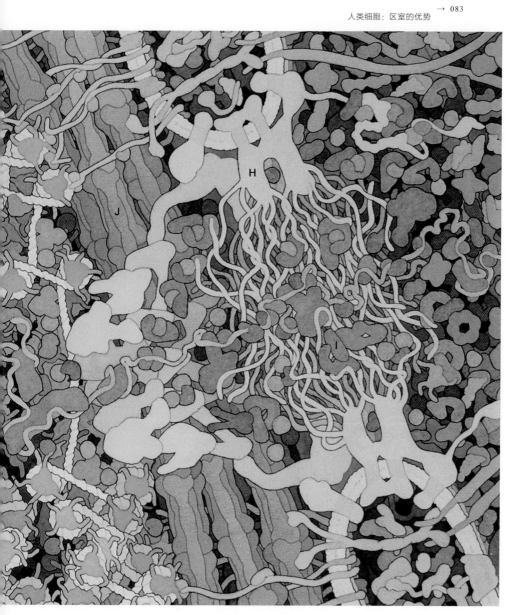

加一个腺嘌呤核苷酸的重复串。RNA也必须有大型的剪切复合体（G）编辑，以去除不编码蛋白质的内含子。一旦RNA得到正确的编辑，它便会经由核孔复合体（H）被运出细胞核外。这些核孔跨越核膜的双层结构，并控制着多种携带其他分子进出细胞核的输入蛋白（I）群的出入。核纤层蛋白丝（J）构成的十字形结构层从内部加固核膜。（100万倍）

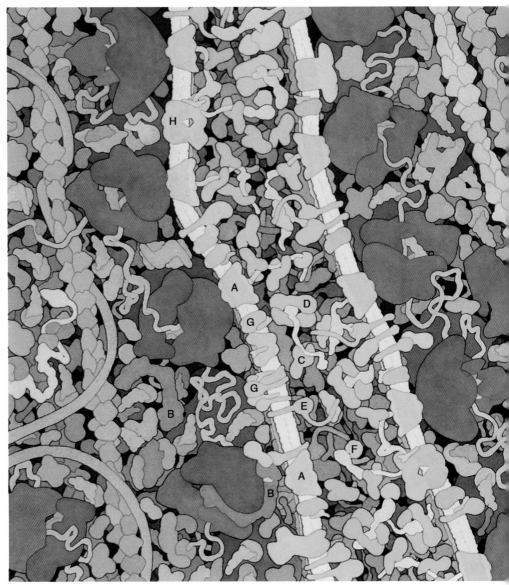

图5.4　内质网

　　由于存在许多区室，人体细胞需要一种途径，将新生产的蛋白质排列并运输到正确的位置。对于许多蛋白质而言，例如血浆细胞产生的抗体，它们的旅程都是从内质网出发。内质网由一系列小管和小囊连接而成。包裹着内质网的膜由转运蛋白（A）填充，这些转运蛋白与核糖体绑定，并指导内质网内部新蛋白质的形成。转运器通过寻找特定的信号氨基酸序列找到新的蛋白质。这一信号序列是核糖体产生的第一个产品，它被一个信号识别粒子（B）快速识别，并被运送到内质网表面。

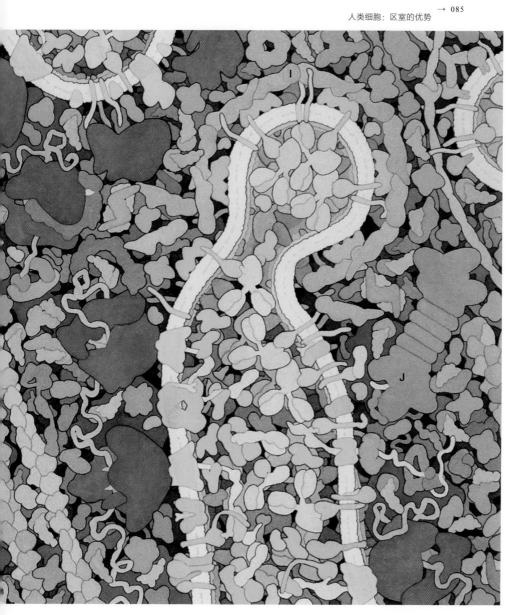

稍后，在蛋白质完全合成并被安全运送到内部后，这个信号序列则被切除。在内质网内部，一个伴侣蛋白群如BiP（C）、Grp94（D）、钙连接蛋白和蛋白二硫键异构酶（E）和亲环蛋白（F），辅助新蛋白质的折叠。多糖链（G）由位于内质网膜中的一系列酶产生，并最终由寡糖基转移酶（H）加入新的蛋白质。最终，新蛋白质由COPII蛋白外壳（I）形成的小转运囊泡运送至下一步骤。任何有缺陷的蛋白质都会被运往内质网外，并被蛋白酶体（J）销毁。（放大100万倍）

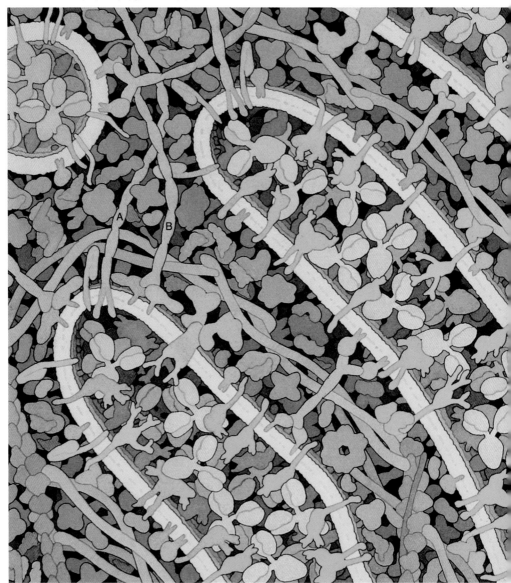

图5.5 高尔基体

转运小囊泡携带着新的蛋白质到达高尔基体。它是堆积得像盘子一样的一组囊，其边界由膜构成。巨大的链型蛋白（如巨蛋白（A）、GM130（B））引导小囊泡到达正确的位置。高尔基体是细胞中的加工分选车间。糖和脂质被附着在需要它们的蛋白质上。例如，稳定Y型抗体基部的糖链在高尔基体中得到修剪和完

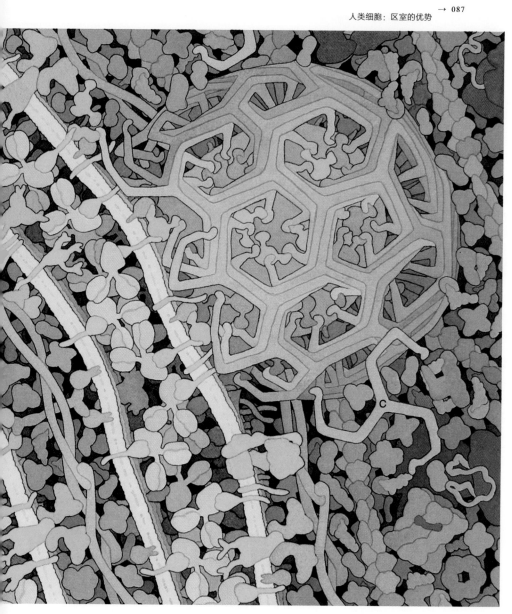

善。当蛋白质得到正确修饰和排序，它们就会搭载小转运囊泡穿过整个细胞。通过在高尔基体的膜外侧形成一个球形外壳，网格蛋白（C）为分离这些小囊泡提供分子杠杆。当小囊泡与高尔基体分离后，巨蛋白鞘便脱落，小囊泡则被引导至其最终目的地。（放大100万倍）

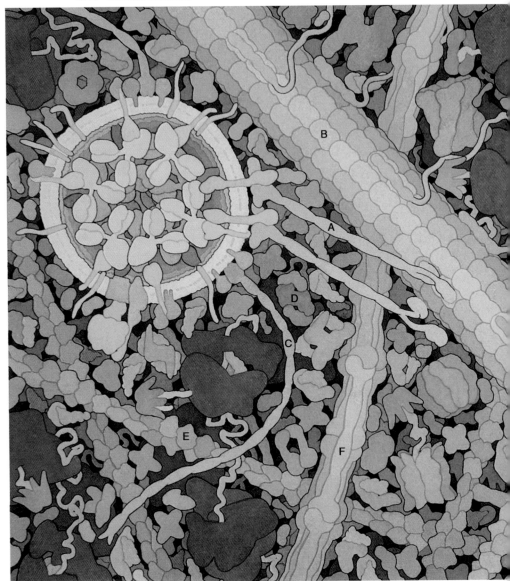

图5.6　细胞质和细胞壁

　　抗体最后的旅程是：在驱动蛋白（A）的牵引下，沿着微管（B）穿过细胞质抵达细胞壁。长链型蛋白（如高尔基体蛋白（C））帮助小囊泡找到它正确的目的地。人体细胞的细胞质是由酶和其他执行各种任务的蛋白质填充的。这些蛋白质中很多都与细菌细胞中的分子相似，包括核糖体和其他合成蛋白质的装置、糖酵解酶和其他合成酶类的装置。也有很多不同的分子，例如本书第7章中讨论的胱门蛋白酶（D）。细胞质与一个纤丝网络交错穿插，这个纤丝网络是支撑细胞的骨架，也是转运生命材料的轨道。这些纤丝包括细弱的肌动蛋白纤丝（E）、粗壮的

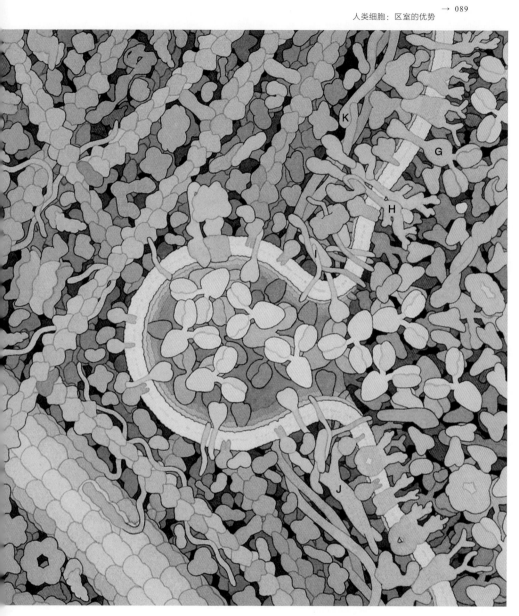

中间丝（F）和巨型的微管。细胞膜则镶嵌着多种多样的蛋白质群。其中许多蛋白
质群外侧有多糖基团附着，这些蛋白质群都参与跨膜分子运输和信息交流过程。
在这个血浆细胞中，也有一些分子直接行使其功能，例如用于识别细菌和病毒的
栓链抗体（G）、免疫系统中从其他细胞接收信息的IL–4受体（H）以及协助停靠
和融合转运小囊泡的SNARE蛋白（I）和胞吐囊复合体（J）。在细胞膜内侧，一
个结实的血影蛋白（K）和肌动蛋白纤丝网络形成了一套坚固的基础结构，支撑着
各种有专门用途的膜。（放大100万倍）

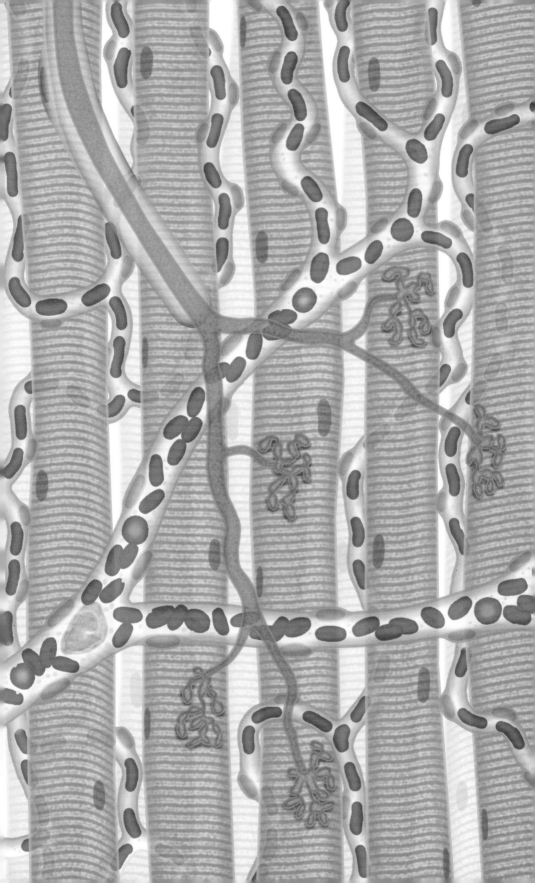

第6章

人体：专一化的优势

多细胞生物具有明显优势。人类的身形和大小、奔跑和游泳能力以及我们的感受和思想……这全都是由于人体是由大量细胞构成的。构成我们身体的细胞可达数万亿，所以它们可以任务专一化（图6.1）。皮肤中的细胞通过构建坚固的绝缘蛋白网专门进行保护；消化道中的细胞专一进行吸收和代谢食物、养分，供养着身体的其他部分；肌肉中的细胞专门产生力量，而骨骼细胞则

◀ ··

图6.1 肌肉组织

图示肌肉组织的这个部分包含少数高度特征化的细胞类型，所有这些特型细胞共同工作，只为达到人体移动这一再普通不过的行为。这些细胞包括促使移动的斑纹肌细胞，供给食物和氧的血红细胞，以及控制着这一过程的分叉的神经细胞。除此之外，还有一套结缔组织的复杂基础结构（此图未描绘），支撑并塑造肌肉组织。（放大1000倍）

将它们自己埋藏在矿质晶体中，构建起一个骨架，关联肌肉产生力量；性腺中一些非同寻常的细胞专门用于繁殖，保卫所需信息和资源，辅以异性配子细胞的帮助，从而建造出一个完整的新的人类身体；或许最令人称奇的是我们大脑中专门用于处理化学和电信号的细胞，它们给我们带来了丰富的内心世界。

然而尽管人体细胞种类繁多，我们的10万亿个细胞在结构上与较简单的单细胞生物（如细菌）非常相似。每个细胞都含有DNA、聚合酶、核糖体，以及制造蛋白质所需的其他一切物质。每个细胞都有糖酵解过程和呼吸作用中的酶，以将糖类转化为可用的化学能。每个细胞都用一层脂质膜将自己和邻居分隔开以明确其"个人领土"。然而与单细胞生物不同的是，人体细胞会针对不同的需求生产专门的蛋白：淋巴细胞制造抗体输入血液；神经细胞制造化学感受蛋白和绝缘电阻蛋白；红细胞制造大量没有空间存放其他物质而只能运送氧的血红蛋白；肌肉细胞构建出一种由肌动蛋白和肌凝蛋白构成的蛋白质引擎。

这种多样性会引发简单生物体不会碰到的一些信息问题。人类身体中的所有细胞都是由单个受精卵产生，所以来自于每个亲代的单一DNA拷贝必须含有每种类型细胞所需的全部信息。例如，神经细胞会带有构建血红蛋白所需的信息，血细胞也含有能够制造神经递质的信息。显然，这些信息不会肆意制造蛋白质，否则会出现一片混乱。每个细胞必须根据它在血液、大脑或其他地方担任的角色，决定选择制造和忽略哪些蛋白。这一选择开始于生命的最初9个月，此期间我们的增殖细胞逐渐投入到不同的命运中。当一个细胞确定承担某一种功能时，它对多数蛋白的需求便消失了。例如，发育中的神经细胞对血红蛋白基因没有需求，血细胞对制造肌凝蛋白的信息没有需求。这些不需要编码蛋白的DNA被存储起来，封存在细胞核的角落里。

而一些特殊的细胞（如干细胞）则没有此类承诺。它们保留着不断分裂生长和执行多种功能的能力。胚胎干细胞是最常见的一种，它们可以分裂并选择任何一种细胞进行特化：根据其在发育中的胚胎里所处的位置，分化成皮肤细胞、肌肉细胞或神经细胞等。成熟的干细胞通常不再保持这种灵活性，它们专注于某一族群细胞的分化。例如，我们骨髓中的造血干细胞分裂成几种血细胞，如红细胞和白细胞（生物学中通常叫做细胞，而医学检查时叫做血球）。这些干细胞的分裂贯穿我们的一生，持续补充那些损耗或失去的细胞。

基础设施与交流

比起小的单细胞生物，我们的细胞必须处理一些更具挑战性的结构问题。要构建像人类这样的大生物体，必须选用精细的分子方法来支撑、加固和连接细胞。人类的身体得到了多水平的强化和塑造：从细胞内部强有力的支撑结构，到逐个与邻近细胞焊接，再到用坚固的膜和缆索包裹这些细胞，最终将其编排成组织、器官乃至整个身体。

人体的每个细胞内部都充填着细胞骨架，它们的功能与人体骨骼构成的骨架一样：支撑细胞并为其运动提供支架。细胞骨架由蛋白质纤丝构成，具有高强度和多种功能。这些纤丝由许多蛋白质亚基构成，形成长长的螺旋状缆绳。它们可以被装配起来用于最繁重的结构性任务，也可以快速解离并在别处再装配以满足细胞需求的变化。

　　肌动蛋白是细胞骨架中最小的纤丝。它是细胞中最丰富的蛋白质之一，通常占蛋白总量的5%。肌动蛋白丝在细胞内纵横交错，形成一个缠绕的网络充塞着细胞质。这一网络通过连接在肌动蛋白丝上的微丝结合蛋白而得到进一步强化。大多数情况下，这个网络是动态的。举例来说，肌动蛋白丝在细胞的爬行中扮演着重要的角色。它们通过亚基逐个连接，并伸出伪足沿细胞表面匍匐。必要时，肌动蛋白又可以绑成强壮持久的大梁。例如，一束肌动蛋白可用作支撑消化系统内层的指状突起，大型肌动蛋白矩阵则被用于肌肉收缩引擎的一部分（图6.5）。

　　有两种较大的纤丝在细胞骨架中协助肌动蛋白：中间纤维和微管。中间纤维比肌动蛋白更稳定。它们由相互咬合的蛋白质块状结构构成，因此可以抵抗分解。它们编织于肌动蛋白网络中以增加强度。另一种与之相似的核纤层蛋白纤丝则分层堆积在核膜内侧。中间纤维还在皮肤细胞和毛发（主要由与中间纤维相似的角质素构成）中有其专门的作用。它们利用化学交联紧密粘连在一起，形成人体制造的最为坚固的纤维。

　　另一方面，微管与肌动蛋白一样作为临时性结构，能在需要的时候快速构建，之后则很快被拆卸。它们就像细胞中的铁路，两种马达蛋白（驱动蛋白和动力蛋白）沿其拖运货物分子，进行贯穿整个细胞的投递工作。在神经细胞中，马达蛋白为其长而纤薄的轴突（图6.8）提供能量，并沿着漫长的轨道传送材料；而在精子细胞中，动力蛋白沿相邻的二联体微管滑动以驱动精子游泳。在细胞分裂时，微管还可以形成美丽的星状道路系统，将染色体分隔开。

然而，人体大多数细胞并不需要在体内四处游走。它们稳定地存在于组织和器官中，与邻近的细胞一起配合工作。多种联结分子将这些细胞聚拢在一起，以方便相互交流。例如，钙黏蛋白阵列在相邻的细胞之间，将细胞粘连在一起，形成牢固的细胞联结体（图6.2）。这些蛋白又延伸至细胞内部，与肌动蛋白纤丝结合。这样，细胞联结体与两个细胞的细胞骨架也连接了起来，强化了整个组织。

这种细胞间的联结方式适用于小组织区域，但是构建较大的结构，如肌肉和器官，则需要更坚固的材料。这些结构构建在细胞外侧，包围并支撑着它们。这些结构有许多物理形式，从弹性纤维到坚固得像能存放数个世纪的混凝土一样的材料，不一而足。有些组织，如软骨和骨骼，主要由这种结构材料构成，只有零星的细胞充当看管人的角色。其他组织，如在大脑中密集压缩的神经元，只含有少数这种材料，仅够将这些细胞聚拢在一起。

构建胞外基质的组件在细胞内生产，之后被运送到细胞外并在适当的地方组装起来。胞外基质的主要组分是胶原——它很常见，人体中大概四分之一的蛋白都是胶原。胶原有多种形式，但所有的胶原都是以三条紧密缠绕的蛋白质链为核心构建的。一些胶原的作用不同：一种是几乎无明显特征的长链，并排联结形成巨型的胶原纤维——胞外基质的强度大半源于这种胶原纤维。一种是蛋白链的两端附着有特化结构，能够形成伸展的网状结构。这个网状结构与其他的蛋白质和多糖编织在一起，形成一层坚实

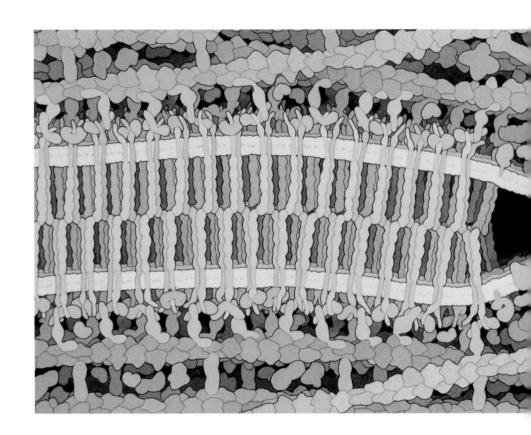

图6.2　细胞的交界

　　图中所示为两种类型细胞的交界。图中左侧部分许多钙粘蛋白（绿色部分）深入到两个细胞的细胞膜并横跨其间隙，形成一个坚固的粘连交界面。在这个细

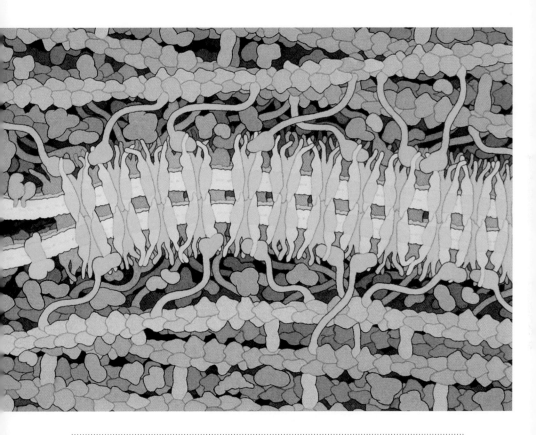

胞内部，每个钙粘蛋白都用小的衔接蛋白与细胞骨架相连。图中右侧部分一组连
接子蛋白形成一个分子大小的管道，连接着相邻的两个细胞。（放大100万倍）

的基底膜，围绕并塑造细胞（图6.3）。还有一种胶原则用于胶原纤维与这一基底膜的缝合。

为应对这些结构方面的挑战，人体细胞之间必须要有相互交流的办法，从而保证它们协调一致并为一个共同的目标奋斗。组织中邻近的细胞通过其细胞质的物理连接直接交流。缝隙连接建立在邻近细胞亲密接触的区域（图6.2）。每个连接子蛋白都有一个微小的孔道用于相邻两个细胞的沟通。正常情况下，缝隙连接监视着细胞间小分子繁忙地来回穿梭，紧急情况下它们则闭合。例如，一个细胞中的钙含量水平急剧升高——这通常是一个细胞生病或损伤的信号——连接子便匆忙断开连接以隔离这个不健康的邻居。

在局部邻近的细胞之间，有些信息是由信使分子传递的，这些分子称为"细胞因子"。细胞因子是由细胞构建并进出细胞外的小蛋白质。它们扩散至邻近细胞并被细胞表面的受体捕获。这会引发细胞内部的一个信号，使细胞采取相应的行动。细胞因子的持续对话使细胞之间可以讨论组织当前的状况，确定是需要生产还是休憩。此外，细胞因子可以发出危险警告。例如，细胞会构建 α—干扰素作为警示信号，提示附近可能存在病毒。它能告知细胞构建专门的抗病毒分子，如攻击病毒RNA的核酸酶，以帮助细胞进行自我保护，直至免疫系统完全被调动起来抗击感染。同样，信息可以通过将信使分子投放到血液中而传播到远处。正如后文详细描述的那样，激素可以通过血液将信息送至全身的细胞。

借由这些超微结构和交流的基本工具，人体协调着上百种不同类型细胞的行动。在本章的后面部分中，我们将探讨三种组织——肌肉、血液和神经——并观察一些执行特殊任务的细胞特化现象。

肌　肉

此刻你进行的所有运动——把这本书拿在手里，用眼睛扫过这一页，坐立时支撑起背部和颈部——都是由肌球蛋白驱动的。肌球蛋白是肌肉中的一种微小分子，它利用ATP中的化学能来完成精妙的运动。每分解一个ATP分子，它就完成一个强制性的弯曲运动。这些"动力冲程"中的其中一个就足以使分子移动若干个纳米的距离，而当大量肌球蛋白分子（最大的肌肉组织含有1019个肌球蛋白分子）同时运动时，就能够抬起整个身体。

我们的肌肉细胞填充着肌节——一种由肌球蛋白和肌动蛋白构成的分子引擎（图6.4和图6.5）。大幅度的运动是由肌节组合肌球蛋白分子的微小运动而产生的。在每一个肌节中，肌动蛋白丝和肌球蛋白丝并行排列，大量的肌球蛋白分子可以沿着肌动蛋白丝爬行，从而可以控制肌节的收缩与否。每个肌节都能收缩大约一微米（约其长度的60%），但是当一个长肌肉细胞中有1万个肌节联动时，便可以产生足够大的收缩使你的手臂移动。

因为要产生如此大的力量，所以每个肌节在结构上需要保证完整性。在每个肌节的末端，所有的肌动蛋白丝由一张蛋白质网缝合在一起，而肌球蛋白丝则由第二张蛋白网缝合在其中。这所有的部分全部由一个像橡皮筋一样的巨型肌联蛋白整合在一起。正是由于肌联蛋白具有弹性，所以它并不参与收缩和伸展。

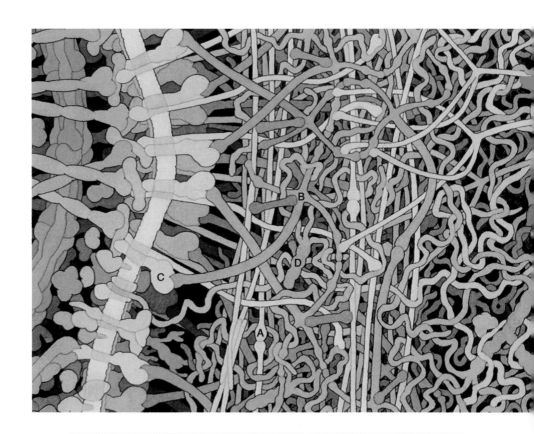

图6.3 细胞外基质

　　细胞外基质由盘绕着的结构蛋白和多糖网络构成。图中最左侧所示为一个细胞的横截面，其右侧与致密的基底层相连，并有一条胶原纤维占据了右页图的大部分。基底层由胶原（A）和十字形的层粘连蛋白（B）等分子构成。细胞膜上的整合蛋白（C）将基底层和细胞内部的细胞骨架链接起来。蛋白多糖（D）被编织

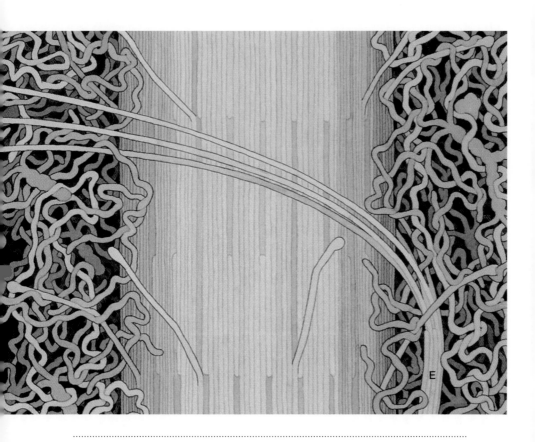

入基底层，并在外部空间与长多糖链混合。图中描绘了几种不同类型的胶原，包括基底层的胶原网络，制造大型锚定纤维（E）的胶原，以及几种集中在一起形成巨型结构纤维的胶原。（放大100万倍）

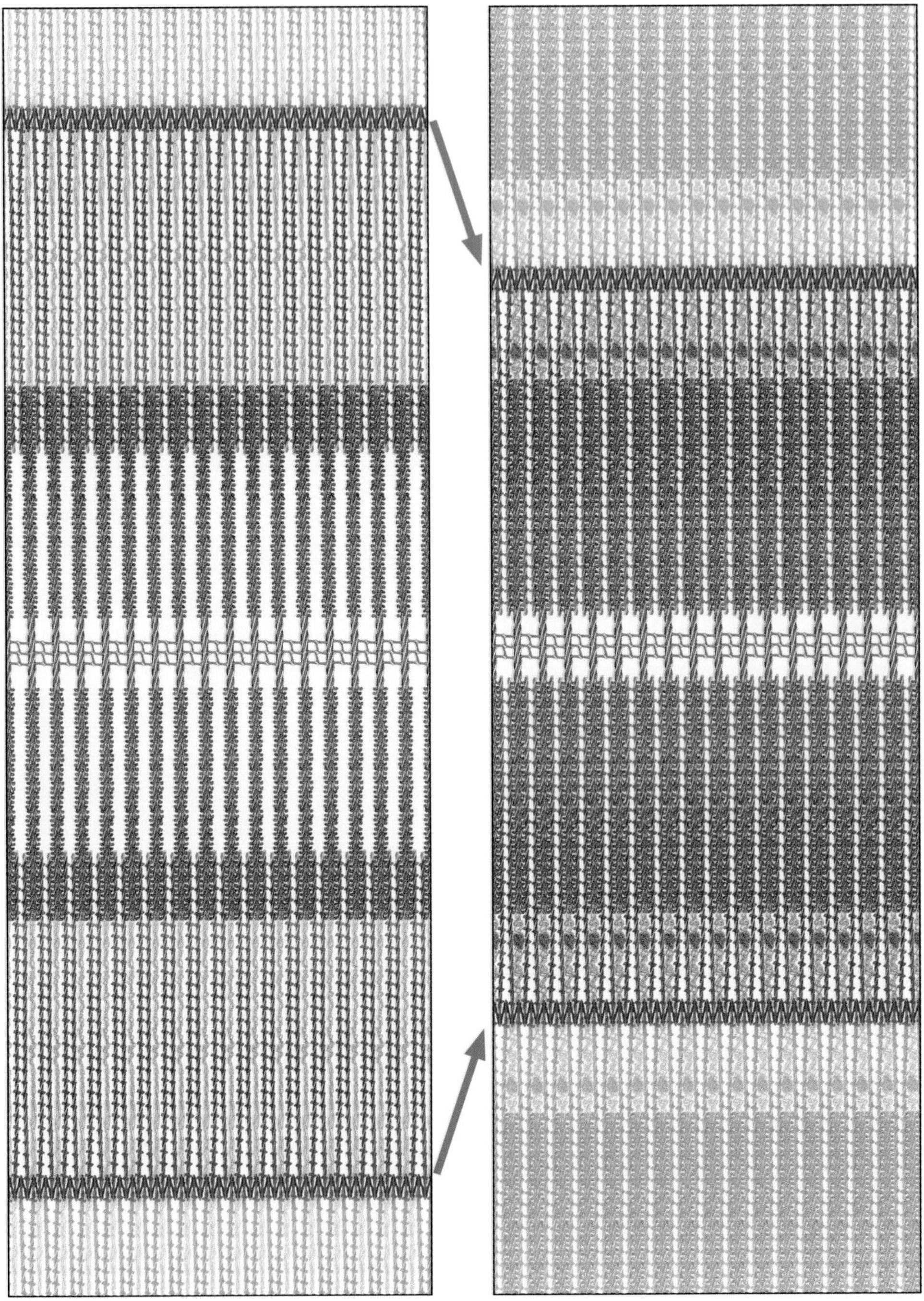

但它足以限制这些纤丝维持在正确的队列中，确保整个引擎顺畅运转。

　　每个肌节必须得到小心的控制，收缩才能沿着整个肌肉纤维平滑地完成。肌肉的收缩是由肌肉中的钙含量控制的。钙存储于细胞中的特定区室，在细胞需要收缩时被释放。它能够迅速扩散至所有肌节，引发绑定在肌动蛋白上的肌钙蛋白分子变化，从而促使肌球蛋白的绑定位点暴露，开启一个收缩波动。收缩结束后，钙离子泵将钙运回并存储起来，细胞则放松下来。整个过程异常快速——想一想你的心跳，这一钙的释放和存储循环每秒钟都在发生，持续于你的一生。

血　液

　　血液是人体运输和交流的航道，也是抵御伤害和感染的主要防线（图6.6）。人体内约有5-6升的血液在循环。这些血液的45%由红细胞构成，其间塞满了携带氧的血红蛋白。此外还有大量的白细胞——大约每700个红细胞对应一个白细胞。它们在血液循环系统中巡逻，保护我们免于感染（相关案例详见第9章）。余下的部分是血浆——一种蛋白质和小的细胞碎片混合的高浓度溶液，

◀ ···

图6.4　肌节收缩

　　肌节由肌球蛋白丝（图中间红色部分）构成，并与肌动蛋白纤维（蓝色部分）相互穿插。每条纤丝上的肌球蛋白马达沿着肌动蛋白纤维爬行，引起肌节的收缩。饰为黄色的较薄的蛇形分子是肌联蛋白，这个巨大且有弹性的蛋白可以使肌动蛋白纤维和肌球蛋白纤维保持正确的队形。

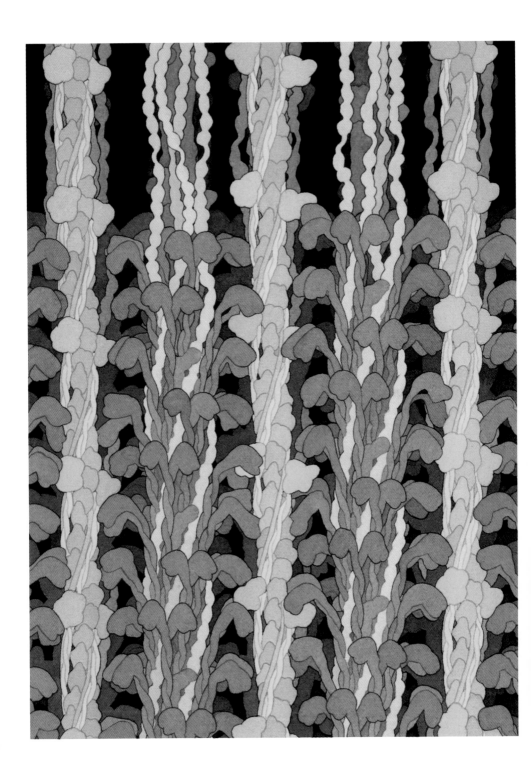

执行许多至关重要的功能。

血液的鲜红色源于红细胞中携带的血红蛋白。红细胞由骨髓中的干细胞产生，多年来一直无私地将氧从肺运送至其他组织——而它们完全有理由不这样做。当它们发育时，几乎倾其所有地将资源逐一转移到血红蛋白中，退化了其他功能。细胞膜也失去了大量用于交流和选择转运的装置，仅由一个未完全发育的初级"支架"支撑，使细胞维持着独特的盘状外形。最后，它们做出更为惨烈的牺牲，将所有的常规分子装置——线粒体、细胞核、核糖体——统统集中在一起，抛出细胞外。成熟红细胞现在便变成了一个没有思想的"机器人"，在其4个月的生命里一直忙碌于随着血液运输氧。

氧并不是血液运输的唯一分子。血液的液态组分即血浆，是由各种转运蛋白群构成的。分子可以搭乘这些转运蛋白运送至其他地方。血清面临的一个主要问题是脂肪和脂质的转运。糖类极易溶于水，所以可以简单地丢到循环系统中，由其他某处饥饿的细胞捡起。但是，脂质和脂肪在水中会聚集。如果将它们直接放在血液中，将会凝集并阻塞循环系统，就像是油污塞满厨房下水管道一样（这正是动脉硬化发生时的大体情形）。因此，脂质和脂肪在其血液之旅中必须在其他物质的陪伴下才能顺畅完成。

◄ ···

图6.5 肌动蛋白和肌球蛋白

肌肉收缩的力量来自于大量肌球蛋白马达驱动肌球蛋白纤丝（红色）伸展。由ATP供能，肌球蛋白纤丝伸展并拉动肌动蛋白（蓝色）向前移动一小步。包裹着肌动蛋白纤维的原肌球蛋白分子控制着整个过程。（放大100万倍）

图6.6 血浆和红细胞

图示上半部分为血浆，下半部分为一个红细胞的横截面。血浆含有大量的人血白蛋白分子（A）、Y型抗体（B）、纤维蛋白原（C）、高浓度脂蛋白（D）、低浓度脂蛋白（E），转运器和许多其他具有保护性的蛋白质。与人体绝大多数细胞相比，红细胞的细胞膜高度简化——一个简化了的血影蛋白网络（F）。在红细胞内部，它几乎完全是由血红蛋白和一些抗氧化蛋白（如超氧化物歧化酶（H）、过氧化氢酶（I））所充满。（放大100万倍）

　　脂肪酸（脂肪和脂质中的碳链）由血清白蛋白运输，该蛋白是血清中最丰富的蛋白质。每个血清白蛋白分子可以携带7个脂肪酸分子。脂肪酸藏在蛋白表面深陷的裂缝中，很好地避开了周围的水。利用这一原理，血清白蛋白也结合并运送其他一些富碳分子（如甾类激素和药物）——这对于决定某一指定药物的用量非常重要。如果这种药物与血清白蛋白的结合过强，那么药物大部分将会隐没于白蛋白中，而不能到达其正确的作用位点。然而，血清白蛋白可以延长药物的作用时间：它会产生一种长效的药物蓄积，从而使药物随着血液的持续循环而缓慢释放；它还可以保护药物分子免于人体天生的解毒作用，所以这种药物将远比水溶性药物的持续作用时间长。

　　与脂肪酸在血清白蛋白中逐个运载的方式不同，脂质和脂肪是由称为"脂蛋白"的小球体运载。每个脂蛋白由许多被环形蛋白质包围的脂肪或者脂质分子构成。脂蛋白被排列在循环系统中的细胞吸收，并在细胞内部分解。血液中主要有两种类型的脂蛋白随之循环：低密度脂蛋白（LDL）和高密度脂蛋白（HDL）。LDL体型较大且含有更多的脂质，因而被命名为"低密度"。这两种类型对于人体内胆固醇的转运都很重要。然而，LDL有一个不好的名声——"有害胆固醇"。因为它容易积累在心脏和脑部动脉壁上，导致动脉硬化。而HDL较高似乎可以降低心脏病的风险，因而被授予"有利胆固醇"的称号。这可能是由于HDL可以将胆固醇从血小板运出并储藏回肝脏。目前HDL的这种保护机制尚有争议。

　　血清包含一个内部修复系统。由于血液是身体中一种高压泵出的液体资源，所以如果循环系统受损，它便很容易流失。对损伤的控制来自于血块，它可抑制血液的渗漏直至周围的组织得到重建（图6.7）。血块由长而薄的纤维蛋白原分子形成，连成一个缠绕着的纤维网。小的细胞碎片即血小板，则可以固定在这个网上，并且形成一个黏性的栓塞来阻止损伤。不难想象，这一过程必须得到精细的控制：血液必须在正确的时间、正确的地点凝集，否则将会造成血管堵塞，引发心脏病或中风。蛋白质的级联反应对血液凝结进行控制，使血块可以快速准确地形成。

血液凝结级联反应开始于一种细胞表面的蛋白质——组织因子。这类细胞是指在血管周围、但不与血液直接接触的细胞。组织因子是组织受损后的一个信号：如果血液接触到一个含有组织因子的细胞，这就意味着有血液从血管中渗出，即发出受损信号。然后启动级联反应：组织因子激活一些因子VII的拷贝，这些因子VII再激活因子X，因子X可以激活更多的凝血酶，凝血酶最终在许许多多的纤维蛋白原上产生一个个小的剪切，形成一个防水血块。制造这个完美的血块使用了两个巧妙的手法。一是，级联反应将信号放大。在每一步都会有更多的蛋白质拷贝被激活，将信号从少量的组织因子放大至数千个被激活的纤维蛋白分子。二是，每一个蛋白质的寿命都非常短。它们一旦被激活就变得高度不稳定，所以只能从受伤位点短距离扩散，在适当的地方产生一个局部凝集。

在血液中也可以发现许多人体免疫系统的装置，它们为抵抗入侵生物（如病毒和细菌）提供了持久的保护。血浆中的抗体是我们的第一道防线。它们能锁定外来生物附带的陌生分子，并

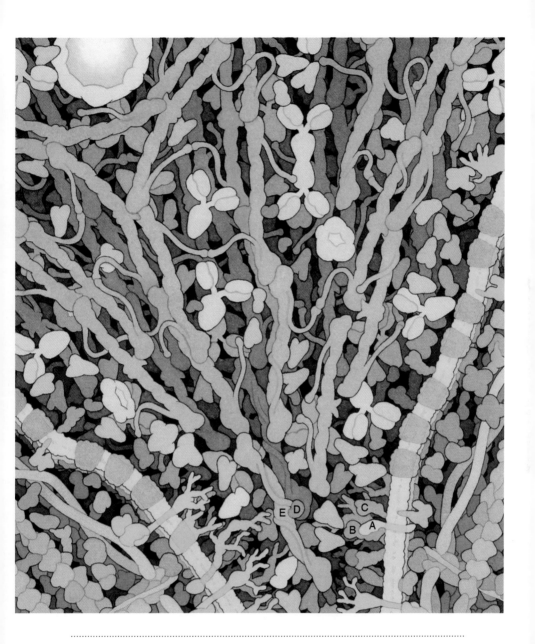

图6.7　血液凝集

　　当组织因子蛋白（A）暴露于血液中，血液凝集便开始了。这引起血液因子Ⅶ
（B）、血液因子Ⅹ（C）和凝血酶素（D）等其他血液因子的级联反应。凝血酶素
最终激活纤维素（E），聚集成一个坚实的网络（图顶部）。（放大100万倍）

将其标记以待白细胞摧毁。血浆中充满了不同的抗体，每一种抗体都是为绑定到不同的非人体分子上而量身定做的。你也许会奇怪：产生抗体的细胞是如何设计抗体，以使它们绑定到非人体蛋白质上的呢？正如生物学中许多情况一样，这是随机性和选择性相结合的结果。在我们发育早期，生长中的免疫系统利用奇妙的基因重组会产生许多不同的淋巴细胞。每种淋巴细胞都制造其独特种类的抗体。其中一些抗体与人体的正常蛋白质绑定，而有些则与其他一些非人体蛋白质绑定。之后，免疫系统会将产生抵御人体正常蛋白质的抗体的细胞剔除。由此，存活至成年的细胞只能制造绑定外来分子的随机抗体群。一旦一些抗体被证明有用，成熟的淋巴细胞就对这些抗体稍加修饰，在这里或那里改变一个氨基酸，增强其抵御新危险的能力。

血浆含有另一个免疫蛋白的集群——补体系统，专门用来杀灭细菌。这对于在血液中抗击细菌的感染尤为重要。因为一旦细菌在血液中找到一个落脚点，它们将快速到达身体的每个部位。补体系统是一种蛋白质级联系统。它与血液凝集级联系统相似，有一个感受器可以激活几轮放大信号的蛋白质，最终装上杀死细菌的弹头。这一感受器是一个六臂的蛋白，称为C1。当几条手臂同时绑定到细菌表面的抗体上时，便能触发毁灭性的级联反应，最终导致膜攻击复合体的形成，刺穿入侵者的细胞壁（如卷首插图所绘）。

血液也是人体细胞间交流的最简单模式。激素携带着信息一个接一个地穿行于血液。这些信息中，有些是仅由几个原子构成的小分子，有些则是小蛋白质。它们由特定的腺体产生，并由人体细胞表面及内部的受体接收。例如，肾上腺素产生于肾上腺（位于每个肾脏上），携带着通知细胞集中力量生产能量的信息。当我们面临紧急危险时，肾上腺素常被释放：那种"血液上涌"的感觉，就是我们的细胞在调动能源以备行动。胰岛素和胰高血糖素是上调人体血糖水平的小蛋白质激素，它们能够刺激细胞从血液中摄取或补充糖分。胆固醇是性激素的前体。卵巢中产生的雌激素或睾丸中产生的睾酮传递讯息：青春期该发生一些变化了。生长激素是脑下垂体产生的一种小蛋白质，它有利于协调幼年时期全身细胞的生长。

　　人体许多最原始的信息都由激素携带，统领多细胞生命体的内在节律。然而，激素的生产代价很高，所以它也仅限于传递这些基本信息。对于每一条新信息，必须创造一个完全不同的激素分子，以及在标靶细胞中接收这些信息的一套新分子装置。如今，激素用来传递简单信息，如"我饿了"或者"我被吓着了"，而复杂的信息则由一个更灵活、更强大的系统传递。

神　经

　　神经细胞专门进行快速的长距离通讯。人体通过神经细胞网联结，由大脑进行中央控制，向全身各处传达命令。神经信号疾驰于整个身体，收集和处理各种感觉信息并控制肌肉移动。有些信号承载着我们的思想并存储着记忆，永远不会离开我们的大脑。通过对神经细胞进行不同排布，以及改变连接着的神经细胞之间的相互作用，神经网络能够控制最简单的固有反射性反应，或者最精细的思考过程。

我们的神经通过电信号和化学信号进行交流。电信号携带那些需要在1秒内跨越长距离的少数信号。信号闪过长而薄的神经细胞轴突（图6.8和图6.9）。这些神经细胞长度范围从大脑中密集的神经元上极短的轴突，到伸出细胞体外并抵达距离末端超过1米长的神经元。之后，当信号到达轴突末端，细胞释放神经递质，神经递质携带化学信号穿过狭窄的突触间隙，传递至下一个神经细胞。

电信号由一条受钠离子电化学梯度驱动的分子递体链传送。起始时为发射信号做准备，轴突将进行充电。轴突膜上的泵将钠离子泵出轴突外，在狭窄的周边空间中为轴突膜充电，就像电池充电一样。随后，一系列的电压门控性通道蛋白利用这一带电膜沿轴突进行信息传递。电压门控性通道具有一个有意思的特性：如果膜充了电，通道保持关闭；但是如果电化学梯度降低（也使得跨膜电压降低），通道便打开。这一特性使其能够传送神经信息。

- ➤

图6.8　神经轴突

图示为一个神经轴突的横截面。带有电神经信号的易兴奋的细胞膜，在图的中部水平移动。这一细胞膜由两种蛋白质填充：为细胞膜充电的钠离子泵（A）和具有电压门控性的钠离子通道（B），其中后者为细胞膜传递电信号。图示下半部分为一套复杂的细胞骨架蛋白基础架构，它支撑着神经轴突，并且是轴突上下的资源运转轨道。图的底部驱动蛋白（C）正沿着一条微管拖拽一个转运小囊泡。图的顶部为邻近的一个神经胶质细胞。这两个细胞由神经束蛋白（D）、神经胶质蛋白（E）、整合蛋白（F）和腱生蛋白（G）等蛋白质胶连在一起。（放大100万倍）

神经通过轴突前端钠离子的跨膜回流来启动信号。这一过程降低了轴突膜两侧的电势差。此区域的通道感应到电势差的变化将全部打开，使更多的钠离子流回轴突。这会触发轴突远处通道开放，远处周边的钠离子也流入轴突。信号在轴突中以波的形式闪过，整个路程的通道都将被打开。这一过程完成后，整个轴突不再带有电荷。电压门控性通道自发关闭，而化学泵开始将钠离子泵出膜外，为轴突的下一个信号传递做准备。这听上去可能很复杂，但整个循环非常快。一个典型的神经每秒钟能发射超过200次信号。

当电波抵达轴突末端时，会触发化学信号向下一个神经细胞传递（图6.10）。电压的降低触发轴突末端将小囊泡排放到细胞外狭窄的突触间隙中。在一些特别活跃的突触上，如神经细胞和肌肉细胞间的突触，数百个小囊泡被腾空以同时传递一个强信号。其他一些突触，如中央神经系统的连接突触，仅用一个小囊泡发

图6.9　髓鞘

髓鞘使人体神经系统的传输速度得到了极大提升。一个个邻近细胞一层层地包裹着神经轴突外的绝缘膜。轴突的长度是由长髓鞘轴突的片段构成。髓鞘轴突分隔易兴奋的膜（如图6.8所示）。神经信号通过髓鞘片段，在易兴奋膜的这些小片段之间快速跳跃。如果没有髓鞘，一个典型的神经传递信号的速率为5m/s，但当信号通过髓鞘片段采取这种短片方式传播时，其传输速率是原来的10倍。在这张横截面图中，右下方为神经轴突，其切割面与前一张垂直。神经轴突内部的一条微管（A）被切开。与非髓鞘片段相比，髓鞘轴突膜的电压门控性钾离子通道（B）等泵和通道少得多。在图的上半部分，一个施旺细胞已经包裹这个轴突4次，产生了8层绝缘膜。髓鞘蛋白零（C）和髓鞘碱性蛋白（D）等蛋白质帮助施旺细胞将自身延展到足够薄，形成密集的对基层。（放大100万倍）

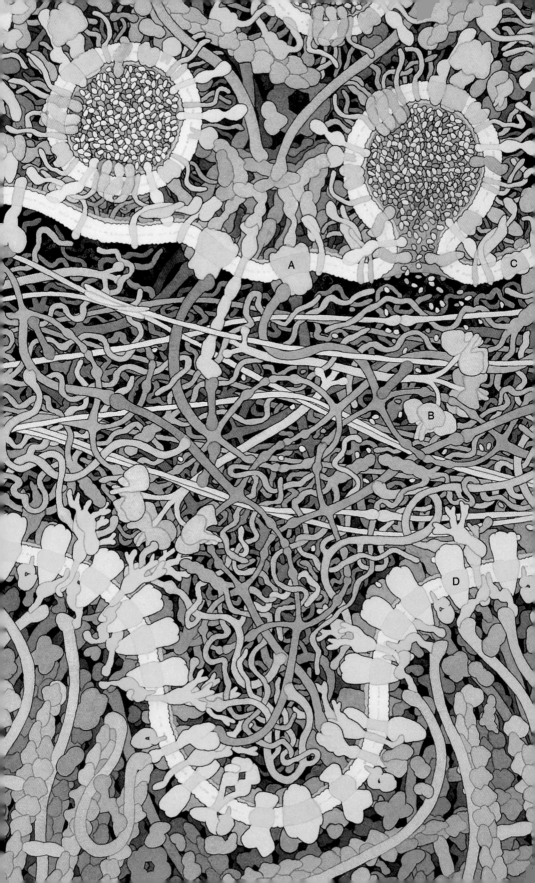

送一个较弱的信号。每个小囊泡包裹着数千个神经递质分子。它们迅速扩散到轴突外，与邻近神经细胞的特定受体蛋白结合。这使得上千个离子涌入这个神经细胞中，从而信号再次启动。

神经细胞表面通常具有数千个轴突末端，所以可以从大量不同细胞接收信息。通过利用化学信号，它们可以区分不同的信息，并根据结果来决定接下来的行动。有些突触利用那些传递积极、兴奋信息的神经递质，引发接收细胞产生电信号。有些突触则利用不同的神经递质，传递抑制信号来抑制电响应。每个神经细胞都可能收到上千个化学信号，既有兴奋的，也有抑制的。化学信号的相对数量和时机决定了一个电信号能否向其轴突传递。这样，每一个神经细胞都变成了一个信息处理器，而不是一个被动的、传递单一信息的传递器。

当然，闪过全身的神经信号只在它们有所作为的时候才有

◀ ··

图6.10　神经突触

化学信号通过神经突触从一个神经细胞传递到下一个神经细胞，图示为其横截面。图中顶部为神经轴突的末端，其中有两个位于轴突终端、充满神经递质的小囊泡。左侧的小囊泡停泊在细胞膜上，右侧的小囊泡则已经与细胞融合，并且正在释放其神经递质。小囊泡的膜需要一个链式蛋白与常规蛋白构成的复杂集群来执行这一特殊任务，而位于神经细胞膜上的电压门控性钙通道（A）帮助决定这一过程何时开始。基底膜填充着细胞之间的突触，也包含了在神经递质完成其工作后将其降解的乙酰胆碱酯酶（B）。小蛋白质CHT1（C）将降解的片段转运回细胞，以备下一次神经脉冲中循环使用。图中底部描绘了一个肌细胞，其表面有许多乙酰胆碱受体（D）。在恰当的地方，肌细胞内部的蜷曲的蛋白质网络托举着这些受体，使其聚集在神经突触内部。（放大100万倍）

用。神经系统通过一系列的输入和输出与现实世界相连，感受信息并输入神经系统，可以保证我们根据周遭环境做出恰当的反应。每种感受都有不同的分子装置来探测环境变化。眼睛有对光敏感的视紫红质蛋白，当它们吸收质子后便会启动神经信号；舌头味蕾上的一些受体可以感知离子或酸的含量，并发送"咸"或"酸"的信号；耳朵中的受体蛋白可以感受细胞上微小的毛发状突起的运动，将其解读为声音的不同音调。最终，这些感受信息全部转化为电脉冲传播至大脑的神经轴突。

神经细胞通过刺激肌肉和腺体使信号传遍全身。我们可以对其中一部分信号进行有意识的控制。例如，通过思考，我们可以将神经信号发送到手臂和腿部的肌肉，引起肌肉收缩。然而，神经系统的输出大部分都是无意识的：神经信号发送到人体内部的肌肉，指导心脏跳动、减缓消化过程等；神经信号刺激人体腺体释放适当的激素，指导生命的日常循环和变化。

我们大脑中有数百万亿个细胞控制着这一切：处理来自身体各个角落的信号输入，并产生合适的信号输出。这一神奇的网络架构在我们生命的最初几个月内就已完成。当我们的大脑还处在胚胎发育阶段的时候，神经细胞便大量繁殖，并扩展了与其邻近细胞的连接。大脑的不同部分得以连通，包括感受、运动和思考。之后，随着我们的成长和学习，许多童年的经历强化了这些连接，将大脑改造成可以进行生物运算的高效装置。这些细胞共同指导睡眠和清醒的周期；共同将信号翻译成愉悦或痛苦；共同识别色彩、声音、文字；共同记住以前我们曾做过什么，指明现在我们在棘手的状况下该做什么，以及制订未来计划。

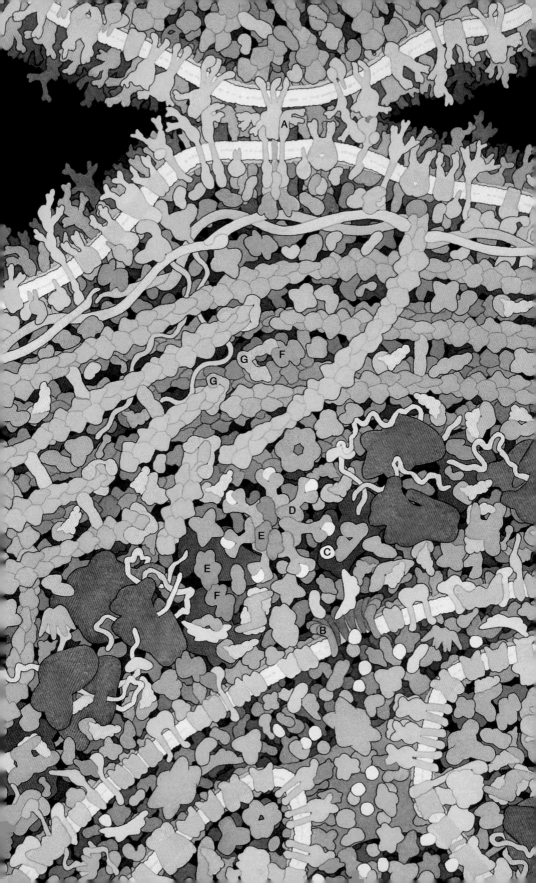

第7章

生命与死亡

在我们生活的世界中，衰老和死亡是一个必然结果。对于一切事物来说，熵都对其展开了一场缓慢而无法和解的侵蚀之战。在原始细胞中有一个重要发现：在这场不可避免的衰退挑战中，

◄ ···

图7.1　细胞的程序化死亡

我们人体所有细胞都已经预先编程，按照指令在需要时凋亡。当一个细胞进入程序化死亡，便以一种安全有序的方式拆解自己的分子装置。图中顶部的一个细胞毒性淋巴细胞已经给位于下方的细胞发出了死亡信号。下方细胞表面的死亡受体（A）识别淋巴细胞表面的蛋白质，开启导向死亡的过程：BID蛋白（B）在线粒体表面形成一个孔（示于下方），并释放细胞色素C（C）到细胞质——这是装配凋亡体（D）的信号。之后，凋亡体激活起始凋亡蛋白酶（E），从而又激活更多的凋亡蛋白酶（F），发动一个有序的战役，向整个细胞中关键的蛋白质进攻。例如，凋亡蛋白酶在凝溶胶蛋白（G）上切割，将其转换为能够拆解肌动蛋白纤维的活性形式。（放大100万倍）

细胞具有维持现有秩序的能力，这使得生命在熵的世界里得以存在。大家可能会想到两种方法来应对这一巨大挑战：长生不老或者有计划地废退。一种长生不老的生物要么能完全抗拒外界环境之力量，要么具有强大的修复机制——在损伤发生时就立即补偿。显然对于原始的细胞而言，这是很难的，因为它们仅由脆弱的有机材料构建。取而代之的方法是，它们沿着一条有计划的废退之路生长着（图7.1）。分子、细胞以及生物体生来都是完美而崭新的。它们生存一分钟、一年或者一个世纪，最终死亡……但那是在繁殖出一个新的分子、细胞或生物体之后才发生的。

在这个出生、存活和死亡的循环道路上，在世纪的更迭中，有一条永生之链——遗传信息的世代相传。遗传信息也是可以改变的，也正因为它逐渐地改变和转换，今天我们才能欣赏到这些多种多样的生物啊！

泛素和蛋白酶体

蛋白质因特定的任务而生，而在任务完成时很快被抛弃。在一个典型的细胞中，20%–40%新合成的蛋白质会在一个小时内被销毁，而一些在关键时刻起作用的蛋白质，如转录或细胞分裂的调控子，仅存活两分钟。这种有计划地废退机制可能看起来有些浪费，但它具有一个巨大的优势——能使细胞快速响应周围环境的变化。

当然，这也给细胞带来一项挑战：不能只是简单地构建出销毁蛋白质的酶，然后将它们不加选择地释放到细胞质中。例如人

体的胃中的消化酶，能够毁灭我们视线内的一切东西。取而代之
的方法是，细胞构建出"蛋白酶体"（图7.2），像是贪吃的蛋
白质粉碎机，其切割蛋白质的装置被小心地隐藏在一个桶状结构
中。蛋白酶体能够自由地在细胞内游荡，且只有合适的蛋白质才
能被送进它的辘辘饥肠。

　　细胞需要一种办法来控制蛋白质的销毁，以确保只有报废或
损伤的蛋白质才被送进蛋白酶体。一种小蛋白质"泛素"在这一
过程中扮演重要的角色。泛素附着于老化的蛋白质，并向细胞发
出信号：这些蛋白质已经准备好被拆解和循环利用。这一过程的
巧妙之处在于，它能够确保泛素附着在正确的蛋白质上。这也正
是泛素连接酶的工作。在另外两种酶的帮助下，泛素连接酶可以
识别短命的蛋白质并将泛素附着其上。当一个蛋白质被一连串的4
个或更多泛素分子附着时，便被锁定为销毁目标。这一连串的泛
素会被蛋白酶体任意一端上的"帽"状结构识别。被附着的蛋白
质则进入销毁室，被剪切成小碎片，以备循环利用。

DNA的修复

　　我们人体的分子装置始终受到周围环境的攻击。活性化学物
质使其腐坏，高温使其折叠结构改变而变性，紫外线则会将其分
解。在多数情况下，它们被毁坏而无法继续发挥作用。细胞可以
无情地抛弃受损的蛋白质，但却承担不起抛弃DNA的代价。DNA
必须维持完美的构型，因为它承载着至关重要的遗传信息，指导
细胞的生命进程并传递给下一代。为确保这一信息不致丢失，细
胞具备了多种不同的方式保护DNA免于损伤，并在其受损时修复

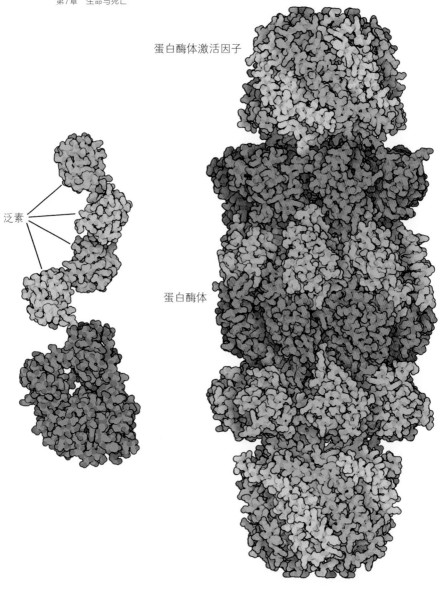

蛋白酶体激活因子

泛素

蛋白酶体

图7.2　泛素和蛋白酶体

　　当衰老的蛋白准备进入循环利用过程，细胞就给这些蛋白附上泛素串。之后，蛋白酶体便识别这些泛素并销毁附着的蛋白质。蛋白酶体由四个堆积的蛋白环构成，并且其内部隐藏有一个蛋白剪切装置。图中所示结构的两端都有一个活化蛋白环。蛋白酶体选择性地捕食进入其内部的小体积的肽短，以完成整个销毁工作。另外，一种大型的盖子（图中未描绘）添加至蛋白酶体的每一端，从而识别泛素并输入整个蛋白质。（放大500万倍）

它们。

　　阳光是DNA的主要危害之一。阳光中的紫外线有足够的能量攻击DNA的核苷酸。紫外线中最危险的UVC被上层大气中的臭氧层所屏蔽。较弱的UVA或UVB则穿过大气层，它们的能量仍足以引起DNA的化学损伤。紫外线被胸腺嘧啶和胞嘧啶中的双键吸收，引起它们与邻近的核苷酸反应（图7.3）。如果其近邻是另一个胸腺嘧啶或者胞嘧啶，紫外线就会在两个核苷酸之间形成一个化学键，使它们胶连在一起。这一变性在DNA中形成一个笨拙的纽结，阻碍DNA聚合酶复制这条DNA链。更糟糕的是，两个邻近的胞嘧啶间的连接往往会导致基因突变，因为DNA聚合酶可能将腺嘌呤与这些腐坏的碱基错配在一起，而不是和正确的鸟嘌呤配对，这会导致像癌症一样严重的问题。

　　紫外线会引起损伤并不稀奇。处于太阳下的每一秒，你的每个皮肤细胞中都会产生50-100个变性连接！所以细胞具有高效的纠错方式也就不足为奇了。人体细胞采用"DNA核苷酸切除修复"的方法，该过程需要多种酶的共同作用：一些酶识别由棘手的化学键形成的硬结；一些酶剪切DNA的片段；而另一些酶构建损伤区域的新拷贝。整个过程依赖于一个前提——DNA双螺旋中的互补链未受损伤，且该链可用于构建受损链的替代品。其他生物采用一种更为直接的办法，它们有一种酶可以直接寻找两个腐坏碱基并将其纠正。例如，光裂合酶（图7.3）可以绑定到受损的DNA上并打开两个碱基之间的化学键。可笑的是，这个反应是由可见光驱动的。

　　长而纤弱的DNA链也容易被破坏。X-射线和伽马射线，以

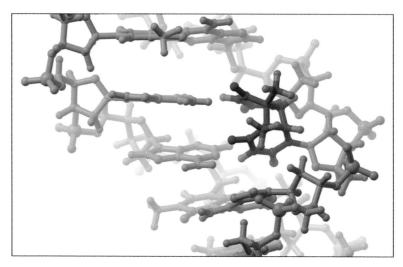

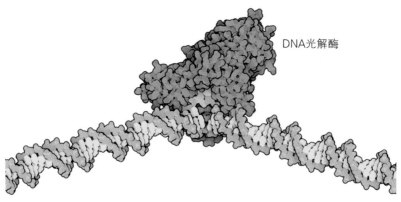

DNA光解酶

图7.3　DNA光解酶

　　DNA光解酶绑定到受损伤的核苷酸DNA上，并解开其中不正常的那些化学键。这一行为对DNA来说可不太文雅：光解酶用小包裹将受损的碱基包裹住，然后猛烈地将其从正常DNA链上扭解下来。上图是受损碱基的特写（此幅球柱图中用圆柱表示连接原子的化学键）。注意两个不正常键相连的碱基（品红色部分）是如何从正常的堆积模式上被扭解下来。下图描绘的是正在解决这个问题的酶。（上图放大4000万倍；下图放大500万倍）

及呼吸作用中的酶会产生氧的有害活性形式（本章"衰老"小节中有更多细节讨论），导致DNA的分解。DNA合成酶和拓扑异构酶出错时，DNA也会被损破坏。此外，细胞偶尔会有目的地使其DNA断裂，例如基因重组时可用于生产不同的抗体。如果一个重要基因所在的链发生断裂，细胞会死亡，因此细胞具备修复损伤并保持基因组完好无缺的方法。

同源重组是修复DNA断裂的基本方式。这依赖于每个细胞携带有一套复制的DNA。通过利用复制的DNA作为模板，与受损的链配对并连接，损伤得以修复。这一过程的核心步骤称为"联会"。两条同源链（受损的链和未受损的模板链）完美的排列在一起。这一完好的DNA拷贝展开，与受损的链进行配对。然后根据配对重建缺失的片段，并把这些DNA链重新连接起来。在我们人体细胞中，这一神奇的过程由Rad51蛋白完成（图7.4），在细菌中则由相似的蛋白RecA完成（图4.6）。这些蛋白质形成长长的螺旋纤丝缠绕在DNA链周围，并将它们固定在很近的距离以寻找完美的配对方式。

细胞还有一种精确度稍低的损伤修复方式——非同源末端连接。它不需要模板链和外部信息就可直接修复断裂损伤。首先，两个蛋白质绑定到受损链的末端，并将末端连接起来。之后，特定的核酸酶和合成酶修减这些末端并填充于每个缝隙中，使它们准备好再次结合。最后，DNA连接酶将两个末端重新胶连起来。在修减末端的过程中，会丢失一些核苷酸，因此会导致潜在的遗传信息改变。即便如此，这种修复方式也胜过DNA断裂，那对于细胞来说可是致命的！

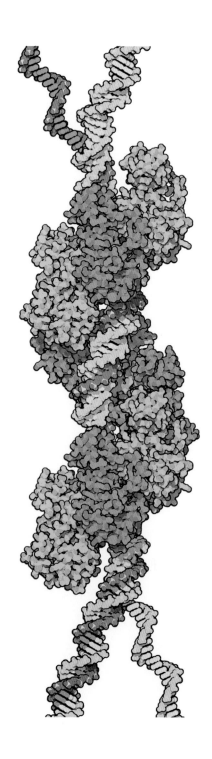

端　粒

DNA链的末端容易受到几个重要问题的影响：它们是解链的对象，所以极易降解；DNA聚合酶很难将DNA从头到尾完整拷贝，经过几轮复制后，DNA将变得越来越短。许多细菌试图通过去掉整个端部来解决问题——它们将DNA链闭合形成一个大环。然而，人体细胞含有46条线性DNA链，每一条都有两个末端需要保护。

为解决这一问题，人体DNA链的每个末端有一个特殊的核苷酸序列，称为端粒。端粒由不断重复的核苷酸序列GGGTTA构成，约有一千多个重复连成一排。端粒上绑定着一组特定的蛋白质，将其包裹到一个环里密封末端，保护其免受剪切DNA的酶的作用。端粒还解决了DNA复制过程中逐渐变短的问题。当细胞分裂且DNA被复制时，端粒的每一端会失去50–100个碱基。随后，端粒酶绑定到端粒上，利用其自身内部的RNA模板，用新的重复序列拷贝来延长端粒。由于端粒是由重复序列构成，所以有多少个拷贝添加上去并不重要，只需完整弥补损失即可。

在我们一生中持续制造血细胞的胚胎细胞和干细胞中，有一种活性端粒酶在复制过程中保护它们的DNA。然而，我们人体大多数细胞已经关闭了这种延长端粒的机能。例如，在产生不可

图7.4　DNA换链

Rad51蛋白形成包围DNA链的螺旋丝形状。在这幅图中，一条单链DNA（红色）正与一条有相同核苷酸序列的双螺旋DNA（黄色）进行配对。这条单链从顶部进入，经过混合的三螺旋结构交换链，从底部输出新的配对链。（放大500万倍）

修复的损伤和细胞死亡之前，成年人的成纤维细胞仅能分裂约60次。通过对细胞的生长提供一种安全检查，有助于预防癌症的发生：如果突然有一群细胞开始不受控制地生长，随着它们的端粒缩减殆尽，它们会在几十代内全部死亡。

细胞的程序化死亡

　　严重受损的细胞在死亡时会一团糟。它们膨胀并爆裂，其细胞内容物则喷溅到各处。溶酶体（细胞内具有消化功能的小区室）可能会被破坏，释放摧毁性的酶。然后，身体通过免疫细胞的作用使该区域发炎，在努力清除这些污物同时，尽量避免损伤周围健康的组织。

　　为避免这些麻烦，我们的细胞设置了一种快速而清洁的自杀程序——细胞程序化死亡或细胞凋亡（图7.1）。它使得细胞以一种有序的方式解体，并通知免疫系统已经准备好被循环使用。细胞触发自身凋亡有多种原因。细胞受损，如DNA多处受损或细胞感染了病毒，便进入细胞程序化死亡的程序。在发育过程中，细胞凋亡也很重要。例如胚胎时期，人类的脚趾就是在细胞程序化死亡的帮助下形成的：最初是一个扁平的蹼状附属物，然后一小撮细胞程序化死亡分隔出脚趾。蝌蚪的尾巴在其成长成青蛙的过程中也发生类似的过程。在保护我们免于癌症时，细胞程序化死亡也起到了重要作用——不正常生长的细胞通常会被强制死亡。

　　当然，对于这一死亡系统必须有所检查和平衡。细胞必须确保在绝对必要时才触发细胞凋亡。细胞凋亡由一个蛋白质法庭掌控，这个法庭集体被称作Bcl-2蛋白质家族。在任何时间，它们都一起权衡细胞死亡的利弊。其中一些蛋白质称为促生存蛋白。当细胞处于健康且有用的状态时，这些蛋白质支配着细胞并抑制导向细胞凋亡的信号。但当它们察觉DNA受损或感染，或者细胞要脱离其邻近细胞时，另一组蛋白质便判决该细胞死亡。

胱门蛋白酶是细胞程序化死亡的执行者（图7.5）。与我们消化食物的酶类似，它也是一种蛋白质剪切酶。但是，胱门蛋白酶更具有选择性，且其标靶都是经过仔细挑选的，以完成细胞的分段销毁。细胞的分裂终止的标志是关键调控蛋白的销毁，而新的核酸的合成终止的标志是聚合酶的销毁。为加快结构蛋白（如支撑着核膜的核纤层蛋白）拆分和降解过程，细胞表面的黏附蛋白被裂解，使细胞与其近邻松开。然后，细胞膜被精巧地改变，向周围组织发出信号，表明此细胞已经准备被吸收并循环利用。

癌　症

新细胞的生长需要整个组织的许可和协作，是一个受到高度调控的事件。细胞不断和其他细胞进行交流，每时每刻都在讨论是否需要新的细胞。身体的组织，如皮肤、血液以及消化系统，都持续需要新细胞替代消失或损耗掉的细胞。其他一些组织，如大脑，因其细胞很少分裂，则不需要如此大量的替换。通常情况下，通过仔细的交流和控制，人体细胞的分裂恰好足够保持其所在组织的健康和活力。然而，当交流失败时，非正常细胞会不受控制地生长，引发癌症。

人体有许多保护措施抵御癌症，所以癌细胞必须产生很多变化才具有危害性。它们要能够忽视来自邻近细胞和自身内部的大

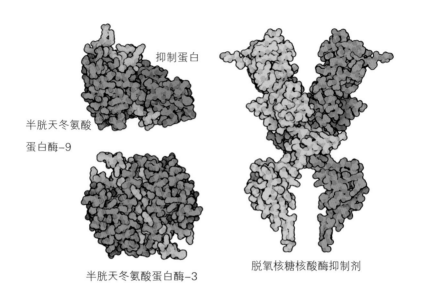

抑制蛋白

半胱天冬氨酸
蛋白酶-9

半胱天冬氨酸蛋白酶-3

脱氧核糖核酸酶抑制剂

图7.5 凋亡蛋白酶

在细胞的程序化死亡过程中，凋亡蛋白酶有条不紊地拆解蛋白质半胱天冬氨酸蛋白酶-9（蓝色部分）是一种起始凋亡蛋白酶，它通常由一种小的抑制蛋白将其控制在非活性状态。当程序化死亡过程启动，抑制蛋白就被移除，起始凋亡蛋白酶激活几种效应凋亡蛋白酶（如半胱天冬氨酸蛋白酶-3），效应凋亡蛋白酶便攻击整个细胞中的蛋白质。它们也激活其他一些销毁装置，例如图中的脱氧核糖核酸酶抑制剂可以用顶部的凹槽抓住DNA链，并将其剪切成小片段。（放大500万倍）

量抑制生长的信号，还要说服近邻构建新的血管来为异常生长的肿瘤供应额外的食物和氧。那些极具侵略性的癌细胞，不得不腐化正常的用于游动和消化的分子装置，并利用它强行开启进入周边组织的通道，顺着血液进入身体内较远的部位。

所有这些变化要么由癌细胞中特定蛋白的突变而产生，要么由构建了太多或者太少的关键蛋白而产生。因与癌症有关，编码这些蛋白的基因通常称为"致癌基因"。例如，p53肿瘤抑制蛋白的一个突变基因是许多癌细胞中的一个中心致癌基因。它原本被用于监视细胞的DNA损伤，以及其他可能导致畸形生长的变化。一旦发现损伤，它将冻结细胞的分裂，甚至启动细胞程序化死亡。许多癌细胞拥有的是其不再发挥作用的突变构型，因此可以自由生长而不受控制。其他可能在癌细胞中突变的致癌基因有：与邻近细胞（图7.6）进行交流的信号转导蛋白，细胞表面的粘附蛋白，以及切割细胞间结缔组织的蛋白酶类。

我们的生命开始于一组正常的基因，维系着细胞的正常生长和组织的正常运作。然而随着年龄增长，人体基因持续受到阳光和化学物质的攻击，会引发任意位点的突变。如上所述，这类突变大多被人体修复机制所纠正，但仍有少数漏网之鱼。它们多数是无害的，然而随着我们愈发衰老，越来越多的突变就会出现。如果在单个细胞中产生了恰好正确的突变组合，那么它就会变成一个癌细胞并长成肿瘤。

癌症特别难以治疗，因为癌细胞基本上都是坏掉的人类细胞。手术和放射性治疗是最直接的办法：即切除或者烧死受损细胞。化学疗法起作用的方式则不同：抗癌药物试图利用癌细胞和正常细胞之间的差异来发挥作用。但不幸的是，这些差异十分微小。目前所使用的大部分抗癌药物都是利用癌细胞的主要特性——生长迅速。这些药物攻击细胞分裂的不同方面：阻止DNA的复制、阻塞分离两个姐妹细胞的装置等。这会有效地毒害癌细胞，但也会杀死所有快速生长的正常细胞，如毛囊细胞和排列在消化系统内壁并对其进行保护的细胞——这便是化学疗法严重的副作用。

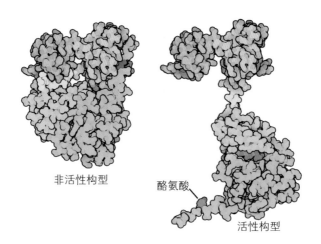

非活性构型　　　　酪氨酸

活性构型

图7.6　Src原癌基因

　　Src蛋白可以传达来自细胞表面受体的信息，并刺激那些控制细胞结构、细胞交流和细胞生长的蛋白。通常情况下，它是紧密捆扎的非活性构型（如图中左侧所示）。但当接收到来自细胞表面的信息时，一个磷酸基团便从其一个特定的酪氨酸（蓝色部分）上移除——这使得蛋白打开并活化成为酶。之后，它便从一个蛋白跳跃至另一个蛋白，通过给这些蛋白添加磷酸基团使信号扩散开来，所用的磷酸基团来源于ATP（红色部分）。当信号传递结束，Src蛋白重新折叠成原来的构型，并等待下一个信息。然而在癌细胞中，src基因通常是突变的，Src蛋白无法关闭：要么是特定的酪氨酸突变；要么是含有酪氨酸的整个尾部被删除。突变的Src蛋白始终保持着活性，刺激细胞不受控制地无限生长。（放大500万倍）

衰　老

　　当我们出生时，细胞都是全新的，且依据基因组有计划地行使功能。但随着我们衰老，分子和细胞以及身体便慢慢衰老，变得不再那么高效，最终导致衰败和死亡。不难想象，衰老已经成为许多医学研究的对象，同时我们也在寻找减缓衰老的办法。尽管已有相关研究工作，衰老仍有许多未解谜题。然而，少量重要发现已经揭示一些关键因素。看看不同的动物吧，你将发现长的寿命受到体型和代谢速率的限制。小型动物新陈代谢很快，所以它们会迅速衰老，并且比大型动物死亡得早。研究表明，衰老的一个主要内在肇因是：活性形式的氧所造成的损伤会缓慢而稳定地持续积累。

我们人体细胞依赖氧作为呼吸作用中的最终电子受体。相比无氧条件下，通过这种方式我们可以从食物中摄取更多的能量。然而，呼吸过程会产生氧的有害活性形式，如超氧化物和羟基。在被完全转化为水之前，这些毒性分子偶尔会从呼吸酶中泄漏（图7.7），攻击蛋白质和DNA，使其损伤或引起突变。它们还会攻击细胞膜上的脂质，产生可以继续攻击其他分子的活性形式。老化皮肤上形成的老年斑就是一种可见信号。这些斑点由脂褐质构成，是正常脂质分子的一种暗色过氧化形式。

氧化不是一个小问题。呼吸系统是人体最具活性的分子系统之一，而这些活性氧作为一种副产物不断涌进细胞。幸好我们有一种有效机制来抵御这种始终存在的危险。我们的防御前线由一系列搜索活性氧并消除其毒性的酶构成，包括用于摧毁超氧化物（带有一个额外电子的氧）的超氧化物歧化酶和两种摧毁过氧化物的酶（图7.8）。几种小型的抗氧化物分子在这一任务中起辅助作用。在细胞中充满水的区室里，谷胱甘肽和维生素C与各种氧进行一对一的战斗，每找到一个活性氧，便消除其毒性（图7.9）。然而，活性氧更易于融入细胞膜，绑定在膜上的维生素A和维生素E解除其毒性。这一功能相当重要，人体细胞中可能每100个脂质分子就会配有一个维生素E分子！

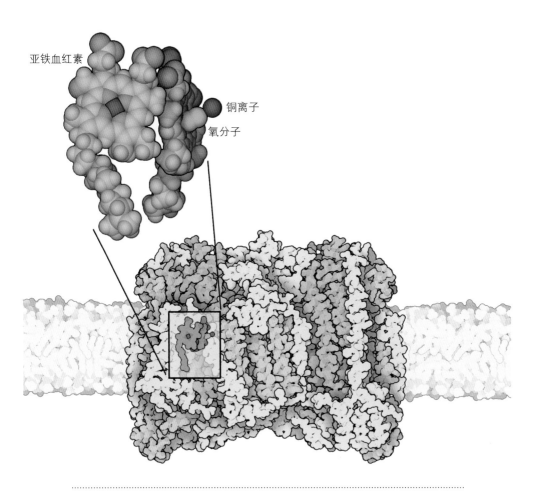

图7.7　细胞色素c氧化酶

　　细胞色素c氧化酶是产生活性氧分子的主要肇因。在呼吸作用中，它参与最后一个步骤——将从食物分子中提取的电子置于氧分子上。细胞色素c氧化酶是线粒体中一种大型蛋白复合体，其活性位点深埋于蛋白质内部，另外有几个亚铁血红素分子和铜离子协助其工作。图中氧分子饰为亮蓝色。（图中上部放大2000万倍；下部放大500万倍）

你或许认为，简单地向我们身体灌输更多抗氧化物，如维生素A、C和E，就可以轻易地延缓衰老。许多研究已验证了这个想法，很不幸结果并不乐观。如果一个人自然损伤系统的抗氧化物水平较差，那么补充抗氧化物减少了活性氧的损害，延缓衰老效果显著。但是对于大多数人而言，生命的进化已经打造出正常的

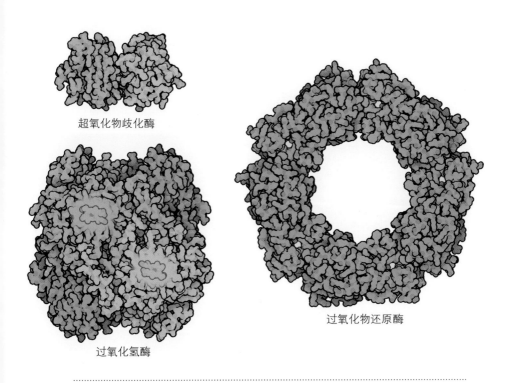

超氧化物歧化酶

过氧化氢酶

过氧化物还原酶

图7.8　抗氧化酶

人体细胞中含有几种解除活性氧毒性的酶。超氧化物歧化酶可以解除超氧化物的毒性，过氧化氢酶和过氧化物还原酶则可以摧毁过氧化氢分子。每一种酶都在反应中采用一个特定的化学工具：超氧化物歧化酶使用铜原子和锌原子（左上图亮蓝色部分所示的活性点处）；过氧化氢酶受限于亚铁血红素中的铁离子；过氧化物还原酶则利用半胱氨酸中特殊的活性硫原子（亮黄色部分）。（放大500万倍）

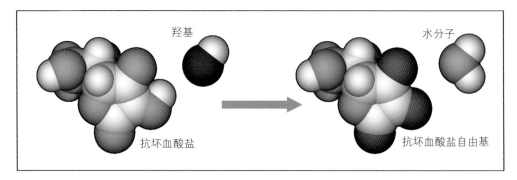

羟基
水分子
抗坏血酸盐
抗坏血酸盐自由基

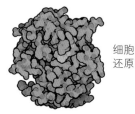

细胞色素b₅
还原酶

图7.9　维生素C

维生素C与自由基分子一对一地展开战斗。自由基是一种特殊的、含有活性未配对电子的分子。上图中维生素C（抗坏血酸盐）赠予一个羟基一个氢原子——这使得维生素C成为自由基。维生素C自由基远比羟基稳定，并且不会那么容易攻击其他生物分子。之后，还原酶去除其毒性。例如下图所示细胞色素b₅还原酶（蓝色部分）还给维生素C一个氢原子，使其准备攻击下一个羟基。图中橙色和粉色部分表示协助其反应的两个分子。（上图放大4000万倍；下图放大500万倍）

抗氧化物水平，为我们人体提供了最大化的保护，补充抗氧化物看起来并没有多大帮助。

有一种方法已经表现出一种减缓衰老的神奇能力。当食物极为有限时，许多动物的寿命大幅增加，有些甚至是两倍。这种饮食包含生物体生长和维护所需的全部营养成分，但是卡路里明显降低，仅够动物存活。这种饮食有效的原因仍旧存在争议，但是可以与活性氧损伤的问题联系起来：饮食限制卡路里会减慢代谢作用，减少氧的使用，也就减少了活性氧分子从呼吸作用中的酶泄漏出去。

死　亡

在兰登书屋出版的词典中，死亡被定义为"一个动物或植物体所有至关重要的功能完全且永久的终止"。然而，在这个拥有高级医疗技术的时代，死亡不再具有如此明确的定义：溺水或心脏病的受害者看起来死了，但也许会通过心脏复苏（CPR）手段复活；在重要的手术中，通常采用一些药物保护大脑，也会出现类似死亡的暂时昏迷状态。我们都知道一个动物活着的样子：有心跳、会呼吸、响应疼痛和冷暖，同样容易看到一个动物真正死去并开始分解的样子。但是，定义一个确切的死亡时刻仍旧是个谜。

然而在人类的事务中，定义一个确切的死亡时刻是很有必要的。此处涉及法律和伦理两个方面：我们需要知道一个人的死亡时间，从而按照惯例举行葬礼，并整理其遗产继承的细节。在现代社会，还有可能用到器官移植，而这需要在死亡之后立即进行。1968年，哈佛医学院的委员会提出了一种明确死亡时间的定义，并被沿用至今。该定义以大脑中全部电功能和血液循环的丧失为特征，将大脑的全部功能不可逆转的丧失作为死亡的时间点。这一界定背后的逻辑很简单：它假设一个人思想、记忆、个性和控制其身体的能力等所有重要的方面都表征于大脑功能，当这一功能丧失，这个人便死亡了。

人死后，身体便很快屈从于熵的力量。当残存的代谢过程没有得到合理控制，身体会在一两天内完全冷却。肌肉在僵直的尸体中失灵，当细胞中所有的钙和ATP耗尽并达到均衡后，便松弛下来。之后，随着各种形式的调控和保护的丧失，身体迅速降解腐败。多数人类文化中都有在身体严重腐败之前将其处理的方法，比如火葬、防腐处理或者埋葬。

然而，身体的许多部分可以在死亡后长期存在。骨骼和毛发可以继续存留数年或数世纪，虽然其上也不会留下任何活的东西。如果它们变成化石，便可以将其痕迹保留数百万年。研究人员已经利用这一点，开始在数千年前死亡的生命体中寻找生物分子。一些特殊情况下，残留物保存得相当完好，便取得了成功。例如，研究人员已经从生活在4万年前的尼安德特人的骨骼中发现了短小的DNA片段，帮助我们填补了谱系树中复杂的遗传学内容。这种DNA考古学能够让我们一睹遥远的先祖，用我们的想象力把他们带回鲜活的现实生活中。

第8章

病　　毒

如果你得过感冒、水痘、腮腺炎、流感、麻疹或者其他任意疾病，那么你便受到过病毒的攻击。病毒是生物环境中始终存在的危险，而且无论我们有多少种强有力的方式保护自己，总有病毒占据上风威胁人类生命的时候。

病毒非常自私：它们闯进细胞，压制细胞的正常功能，并强

◄ ·······································

图8.1　艾滋病病毒

人体免疫缺乏病毒是由少量不同种类的分子构成的，但这些分子足以杀死一个人类细胞。这种病毒由从被感染细胞偷来的脂质膜所包围。膜上镶嵌的糖蛋白肽GP120（A）识别下一个病毒将要感染的细胞。膜内部的基质蛋白（B）起支撑作用。几种酶漂浮在病毒内，包括艾滋病毒蛋白酶（C）、反转录酶（D）和整合酶（E）。两条携带着艾滋病毒基因组的RNA（F）被装进一个由衣壳蛋白构成的圆锥形容器（G）中。（放大100万倍）

迫它们执行一项任务——生产更多的病毒。多数情况下，细胞会在这一过程中被杀死。正如本章中讲述的3种病毒，我们会发现这一过程令人恐惧。病毒所需要做的只有两件事情：产生自身新拷贝的机制和找到进出靶细胞的方法。

　　病毒制造新病毒的方法十分简单，仅须少量的分子装置参与其中。它们所要做的就是在细胞中制造一个病毒的信使RNA拷贝。这一信使RNA编码用于病毒组件制造和整装的所有蛋白质。一般而言，这些蛋白质仅有少数类型：构成成熟病毒壳的蛋白，以及构建RNA本身新拷贝的蛋白。大多数病毒不会自寻烦恼从RNA开始编码合成蛋白质的任何分子装置——它们指派细胞的核糖体和转运RNA分子来制造病毒自身的装置。

　　病毒在将其RNA送入细胞的过程中，不遵守我们常用的细胞遗传信息流动法则——从DNA到RNA再到蛋白质。脊髓灰质炎病毒和鼻病毒走捷径直接绕过DNA这一步。它们将含有特定指令的病毒RNA注射到细胞中，产生特殊的RNA聚合酶，以病毒RNA链为模板构建RNA链。因此，它们完全不需要DNA——病毒RNA直接拷贝产生更多的病毒RNA。人类免疫缺陷病毒（HIV，图8.1）则利用一种更邪恶的方式。HIV也注射病毒RNA分子，但是之后它利用一种反转录酶，以RNA为模板制造DNA。被感染的细胞中的正常分子装置随后被强迫用新铸造的DNA来制造RNA和蛋白质。其他的病毒则使用所有可能的方式，如注射RNA或病毒DNA。但是，最终所有的方式都会导向于构建病毒蛋白质的信使RNA。

　　病毒瞄准、进入和离开细胞等过程都是由成熟病毒的外包被来完成。外包被是病毒具有如此丰富多样性的原因。这些病毒从具有完美对称的衣壳的小体积（如脊髓灰质炎病毒）到具有大型的闭合膜的大体积（如HIV、天花病毒）不等。病毒可以通过改变其表面的蛋白质来识别不同的细胞，选择性地感染那些最适合攻击的细胞。其他的蛋白质则精心安排病毒从这个细胞中释放：要么当细胞装满新病毒时将细胞炸裂；要么先在细胞表面逐个出芽，然后生产越来越多的病毒缓慢地消耗尽细胞的资源。

许多病毒还制造一些额外的蛋白质，破坏细胞的正常功能：其中一些阻止细胞的保护机制；另一些则关闭正常的细胞蛋白的合成，强迫细胞只合成病毒蛋白。例如，人体细胞对病毒有一种基本的防御措施。细胞含有一种蛋白质Pkr（RNA激活的蛋白激酶），它能够识别由病毒产生的RNA的特殊构型，并且关闭被感染细胞中的蛋白质合成。由于所有的蛋白质合成均被停止了，细胞将死亡，也就确保了不会再产生病毒。然而，许多病毒制造特殊的蛋白质进行还击，这种蛋白质专门使Pkr失效，维持蛋白质合成装置的运转，从而制造更多病毒。

令人惊讶的是，这少得可怜的成分——由RNA和蛋白质组成、与核糖体大小相当的微型定时炸弹——便足以杀死一个细胞。但若没有细胞中的分子装置，病毒将什么都做不了。它们无法自己进行繁殖，无法制造自身的任何氨基酸、核苷酸和蛋白质。在撞到一个不走运的细胞之前，它们只是盲目的攻击者，笨拙而迟钝。

脊髓灰质炎病毒和鼻病毒

脊髓灰质炎病毒是脊髓灰质炎的病因，鼻病毒是引起普通感冒的病毒中的一种，它们都是攻击人类细胞最简单的病毒。这两种病毒都由长约7500个核苷酸的RNA单链构成，包裹在一个对称的蛋白质壳中。但无论这些病毒多么简单，它们都是异常迅速而残忍的。举例来说，一个脊髓灰质炎病毒够劫持一个细胞，关闭其正常的蛋白质合成，并强迫它制造10000–100000个新病毒——这一完整过程仅需要4–6个小时（图8.2）。

　　这两种病毒的微小差异正说明了为什么病毒性疾病会有多种多样。当我们随着食物吞下这些病毒，或者吸入感染这些病毒的气体，它们就可以感染人体不同的地方。脊髓灰质炎病毒的蛋白壳在胃部酸性环境中也极为稳定，所以它可以感染那里，并通过淋巴扩散至身体更远的部位。而鼻病毒会被酸摧毁，它主要感染咽喉和鼻腔这些非酸性的环境。鼻病毒的不稳定性使其在不适宜的环境中受到限制，因此当人体细胞试图保护自己攻击病毒时，我们会流鼻涕和鼻塞。而脊髓灰质炎病毒具有较高的稳定性，可以深入身体的关键区域。大部分感染脊髓灰质炎病毒的人只会发高烧，但是在有些人中病毒作用更强，他们的神经细胞和大脑也受到了严重损害。

　　脊髓灰质炎病毒和鼻病毒的基因组都非常小，仅可以编码少量蛋白质。这些蛋白质包括：4种共同构成蛋白壳的蛋白质；2种将病毒蛋白剪切至适宜长度的蛋白质；1种以病毒为模板、依赖RNA制造新RNA链的RNA聚合酶以及辅助这一过程的一些小型蛋白。然而，这些少量的蛋白质是病毒完成其生命周期、最终将细胞致死并释放数以千计新病毒所需的全部了。

　　病毒的生命周期开始于细胞表面。病毒随机四下漂流，直到撞到一个细胞，并在其表面发现特定的受体分子。脊髓灰质炎病毒寻找像抗体一样的受体，鼻病毒则寻找附着在细胞表面蛋白质上的唾液酸碳水化合物。病毒衣壳有一个口袋网可以识别这些细胞受体，将病毒附着于细胞表面。这使得病毒衣壳的结构发生变化，从而导致RNA穿过细胞膜注射到细胞内部。一旦RNA进入细胞内部，细胞自身的核糖体就将此RNA翻译成一条长形的多蛋白。这条多蛋白包含病毒的全部蛋白质，像珠子一样串在一起。之后，两种蛋白酶将自己从这条多蛋白上剪切下来，并将其余的蛋白质剪切开。随后，重要活动便开始了。

利用细胞储藏的核苷酸，新的病毒聚合酶迅速开始制造新的病毒RNA拷贝。一种小型病毒蛋白VPg附着在病毒聚合酶的一端，并在之后辅助病毒RNA进一步复制。病毒的一个蛋白酶搜索细胞中的特定起始因子，将其剪切成两半。这个起始因子对于细胞使用自身的信使RNA合成蛋白质是十分重要的，因此一旦被剪切，所有正常的蛋白质合成便停止了。而病毒RNA很狡猾，不需要这个起始因子启动蛋白质的合成。由此一来，核糖体便将其所有的能量都用于制造病毒蛋白质。随着病毒RNA分子数量的增加，由其制造的衣壳蛋白也随之增加，新的病毒开始自发组装起来：每一个新的病毒都含有一个新的RNA分子，被装进新构建的蛋白质中。而病毒聚合酶和辅助蛋白则被落在外面——蛋白壳中除了存放RNA，便再没有足够的空间容纳它们了。最终，细胞破裂，新的病毒倾巢而出去感染其他细胞，病毒的生命周期再度开启。

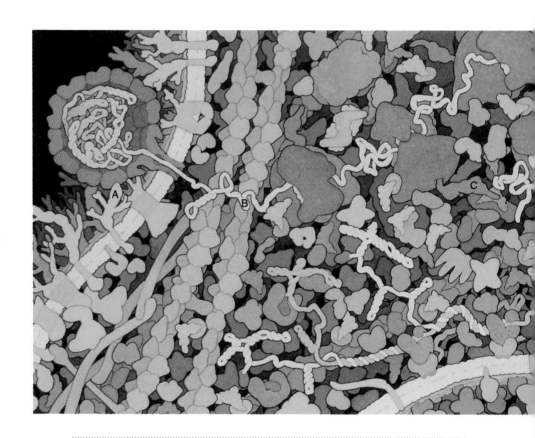

图8.2　脊髓灰质炎病毒的生命周期

　　脊髓灰质炎病毒利用细胞生命周期中大量唾手可得的分子装置。该病毒识别并绑定细胞表面的糖蛋白（A），再迫使其病毒RNA（B）注入细胞内部。之后，细胞的核糖体便基于病毒RNA构建一条长形的病毒多蛋白（C），病毒蛋白酶（D）将其切割成几个功能性片段。该酶首先可以神奇地将自身从多蛋白上剪切

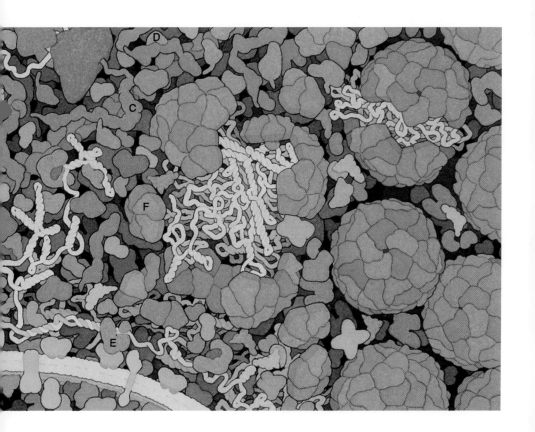

下来。在这些功能片段中，有一种特殊的聚合酶（E）能够利用病毒RNA为模板构建更多的病毒RNA链。重复的合成周期构建了大量的病毒RNA和衣壳蛋白（F），衣壳蛋白则自发地协助产生成熟的病毒，并最终将这些病毒迸射出细胞。（放大1000万倍）

流感病毒

流感已经给人类生命带来了灾难性的伤害。它属于年度性危害，随着天气变冷和我们的防御能力减弱而爆发，并且每几十年就会出现一种特别厉害的菌株，造成大规模的流行性感冒横扫全球。其中一些曾是极端致命的，例如超过4千万人死于1918–1919年大范围流感。流感病毒作为一种病原体，其复发效应是由遗传结构决定的。与脊髓灰质炎病毒和鼻病毒的基因组不同，流感病毒的基因组携带有8条分开的RNA链，每一条链都编码不同的病毒蛋白。这一节段式的基因组是一个创举，使流感病毒十分厉害：不同的流感病毒菌株可以交换RNA，将不同基因进行混合和配对，创造出更具传染性和更为致命的新菌株。

新的人类流感病原菌株通常是在其他动物的帮助下发展而来的。有数十种禽流感病毒攻击鸟类，通常它们并不会引发鸟类疾病，而只是在其消化道中繁殖，因此鸟类成为一个病毒储存库，将病毒储存数年。所幸这些病毒基本不感染人类，但是可以轻易地感染猪，这时麻烦就来了：如果一头猪同时被一个禽类病毒和一个人类病毒感染，那么这两种病毒可以交换RNA链并创造出全新的病毒，甚至有可能组合了两种病毒最为致命的特性。这种情况差不多每十年发生一次，一个新的菌株就会应运而生。因为该菌株的一些基因来自禽类病毒，没有人对此免疫，所以它可以快速地从一个人扩散到另一个人。

流感病毒比脊髓灰质炎病毒和鼻病毒的体型更大且复杂。它是由一层脂质膜包衣包裹着8条RNA链。膜上镶嵌的蛋白质可以识别它们要感染的细胞的表面。这些蛋白质之间的差异决定了靶向的专一性：禽类病毒可以绑定于鸟的细胞（和猪的细胞），而人类病毒可以绑定于人类细胞（和猪的细胞）。而它们的脂质膜并不是由病毒制造的，而是从被感染的细胞那里偷来的：装配病毒的最后一步在细胞表面进行，新的病毒通过出芽携带了一层细胞膜作为包衣，最终被释放（图8.3）。

人类免疫缺陷病毒

引发艾滋病（AIDS）的病毒（图8.1）比上述的病毒更加阴险。人类免疫缺陷病毒（HIV）是一种反转录病毒，它有着令人恐惧的独特的生命周期。这种病毒携带着两种新奇的酶：反转录酶和整合酶，共同接管细胞。首先，病毒将其RNA链注射到细胞中（两个相同的拷贝）。之后，反转录酶以这一病毒RNA为模板创造出一段DNA。最后，整合酶将这一段病毒DNA拼接到细胞的正常DNA上。

这会产生一种可怕的后果：一旦病毒DNA拼接到细胞DNA上，便几乎无法与正常的基因分辨开来。当细胞分裂时，病毒DNA便随着基因组得以复制。同时，细胞还受到寻找并修复DNA损伤的正常机制的保护。病毒DNA可能在最初的感染后沉默几年或几十年。病毒潜藏在基因组中，要消灭它极度困难。一旦病毒进入细胞并整合到细胞DNA中，几乎无法被发现，所以必须在它进入一个细胞之前就将其识别并摧毁。

刚感染HIV之后，一场天翻地覆的战斗便随之而起。病毒优先感染免疫系统中的细胞，迫使它们产生大量新的病毒，并最终将这些细胞杀死。免疫系统通过构建新的白细胞进行还击，摧毁病

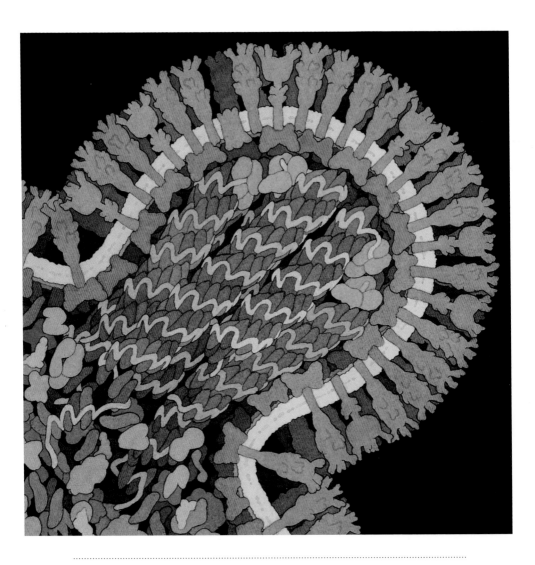

图8.3　流感病毒的萌芽

　　流感病毒是在细胞表面萌芽，而不需要像脊髓灰质炎病毒一样迸射出细胞。图中左下角所示为细胞内部，萌芽中的病毒则占据了图中大部分区域。流感病毒RNA由保护性蛋白包裹，并在病毒内部形成巨大的螺旋束。排列在膜内侧的蛋白质驱动病毒的发芽过程，向外辐射的蛋白质则识别并绑定将要感染的细胞。（放大100万倍）

毒颗粒，但在这一过程中免疫系统将慢慢地被用至枯竭。随着免疫细胞的逐渐损耗，它们无法继续抗击其他感染，例如肺炎或肺结核，被感染的人就开始表现出艾滋病的症状。

　　用于抵御HIV感染的药物在病毒生命周期的各个阶段发起进攻（图8.4）。最初发现的抗击艾滋病的药物，如齐多夫定（AZT），可以攻击反转录酶，在病毒DNA整合到受感染细胞的基因组之前阻止其合成。新的药物正在研发，用以阻止感染的其他

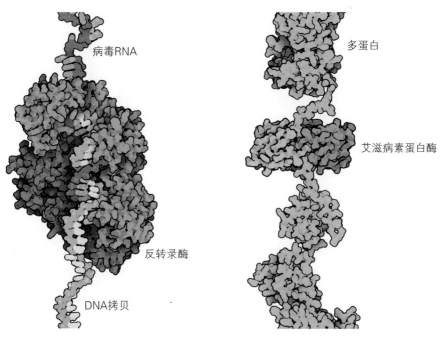

图8.4　艾滋病毒酶

　　绝大多数用于抵抗艾滋病感染的药物能够限制两种艾滋病毒酶：左图所示反转录酶正在将病毒RNA转录为DNA拷贝，在行进过程中销毁RNA拷贝；右图所示艾滋病毒蛋白酶正在将病毒多蛋白分割成功能性片段。（放大500万倍）

步骤：一些可以阻止病毒识别细胞表面的蛋白质；一些可以阻止整合酶将病毒DNA接入基因组。蛋白酶抑制剂（如利托那韦和茚地那韦）在病毒生命周期的末端发起进攻，此时病毒正在一个被感染的细胞中形成。它们阻塞一种病毒的蛋白质剪切酶——此酶可以将病毒蛋白质剪切成合适的片段，使病毒从细胞表面出芽并形成一个成熟的有感染力的病毒。这些药物能够保持病毒处于检疫之中，但是如果这些药物停止了，那么已经整合到基因组中的病毒就会很快冒出来，并引发新一轮的感染。第9章我们会讲到，病毒会快速突变，这成为病毒抵抗这些药物的有效手段。

疫　苗

由于缺乏治愈普通感冒的有效手段，人们对医学研究时常抱怨。相比之下，脊髓灰质炎疫苗的发现则被赞誉为现代医学最伟大的成就之一。形成这一鲜明对比的原因很简单，这是由两种相似病毒的内在差异产生的。脊髓灰质炎病毒主要有三种菌株，每一种的衣壳蛋白都略有不同。人体产生了摧毁这三种菌株的抗体，可以控制任何可能遇到的脊髓灰质炎感染。然而，已知能引起感冒的鼻病毒菌株超过一百种，且还有数十种其他类型的病毒。我们每次新患的感冒都源于一个从未遇到过的病毒菌株，而要为所有不同的菌株都制造出一种疫苗显然是不切实际的。

疫苗可使免疫系统做好预防感染的准备。当我们感染了一种病毒，免疫系统就展开针对该病毒的防御，产生识别病毒的抗体，同时白细胞吞噬病毒并将其摧毁。而当免疫系统反应不够迅速时，病毒就会变得致命，并以比摧毁它们更快的速度进行繁殖。接种疫苗的妙处在于：在感染病毒之前，用一种类似病毒的颗粒向免疫系统"下战书"，从而使我们在遇到真正病毒侵害之前就已经制造出准备防御所需的全部东西。之后，免疫系统便蓄势待发，做好应战准备。

最有效的疫苗是被失活或弱化、但仍然可以刺激身体产生适当防御的真正病毒。第一支脊髓灰质炎疫苗，是索尔克和杨纳利用甲醛使纯化的脊髓灰质炎病毒失活而制成。几年后，阿尔伯特·沙宾制成了一种更为有效的疫苗。它含有活的病毒，但这些病毒已经过低温和非人类细胞环境的培养后发生了突变。这些弱化了的病毒在内脏中短暂繁殖一小段时间，刺激免疫系统产生抗脊髓灰质炎病毒的抗体。因为脊髓灰质炎病毒的全部三种菌株都可以包含于这种疫苗中，所以特别有效。多亏了这些疫苗，脊髓灰质炎已经基本从世界上根除了。

然而谈到每年的流感疫苗，我们就只能碰运气了。世界上有太多流感病毒菌株循环往复，而且由于病毒交换基因和突变，每年都会产生更多的菌株。在"疾病控制中心"这类的科研机构中，专家们每年都在检测特定菌株在世界范围内的流行程度，并预测哪些病毒会在来年造成最大的危害，然后生产用于抵御这些菌株的疫苗。目前广泛使用的流感疫苗有两种：流感疫苗针和鼻腔喷雾疫苗。前者注射的是失活的病毒，而后者是一种被弱化了活性流感病毒。

人类亟须一种预防HIV感染的疫苗，但困难重重。HIV难以抵御有多种原因。它的反转录酶产生大量的错误，所以突变得非常快，致使无论面临任何处理，病毒都会快速发育出抗性菌株。

HIV还对一般抗体具有抗性，因为其表面的蛋白质由低级的多糖包裹，而且其独特的绑定位点潜藏在抗体难以触及的小槽中。HIV只需要一周时间就能整合到细胞的基因组中，整合后免疫系统就很难发现病毒基因，所以HIV疫苗必须刺激免疫系统比平常更快速、高效地应答。攻击猴子和猫的病毒虽然相似，但也有着显著的差异，所以HIV非常难以研究，从这些病毒上获知的原理无法在HIV感染中加以应用。举例来说，一种能够有效保护猴子抵御SIV（猿猴免疫缺失病毒）的疫苗发现于1990年代，但是类似的疫苗对人类感染HIV却不起任何作用。但无论这些挑战如何，为了抗击这一威胁人类健康的全球性危害，目前仍有许多创新方法在检测中。

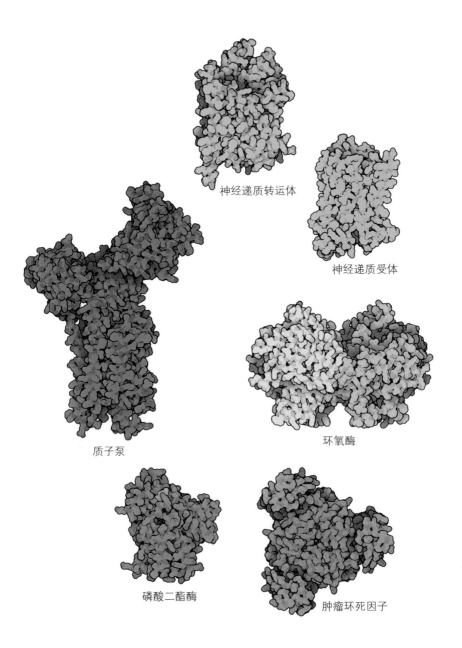

神经递质转运体

神经递质受体

质子泵

环氧酶

磷酸二酯酶

肿瘤坏死因子

第9章

你和你的分子

分子装置小得无法看见，因此你可能觉得自己不会影响它们。然而，我们每天都在调整它们的运行。如果你在早晨摄入了维生素，便启动了你的分子装置，确保它们处于最佳状态。如果医生给你吃了盘尼西林，你就会主动地攻击那些感染中的细菌的

◄ ···

图9.1 你和你的分子

现如今，人类有数百种药物来修饰自身分子装置的活动。图中所示为一些普通药物的标靶。治疗抑郁症的药物是通过神经细胞中的转运体阻止摄取神经递质来实现的。治疗多种棘手小病症（包括从哮喘到神经分裂症在内）的药物是通过阻塞不同神经递质受体来实现的。阿司匹林的标靶是几种构型的环氧酶，可以抵抗头痛和治疗贫血。治疗类风湿性关节炎和其他炎症的药物标靶是肿瘤坏死因子。还有各种改善"生活方式"的药物，例如阻止血管中的磷酸二酯酶引发男性勃起的药物、抑制质子泵从而降低胃酸的药物等。（放大500万倍）

分子装置。如果你不幸食物中毒了，表明一个细菌已经开始还击，正攻击你身体中的分子装置。如果你吃了一片阿司匹林，那么它将钝化神经和大脑中分子装置的功能。在维生素、毒素和药物的作用下，我们精细地调整着特定装置的运行。通过小心使用，我们能够改善它们的运行，从而提高自身生命的质量（图9.1）。

维生素

维生素是人体新陈代谢中至关重要的物质。但讽刺的是，尽管我们需要利用它们来维持最佳的健康状态，人体自身却不能制造它们。在这一点上细菌通常表现得更加自力更生。它们可以从少数简单的材料开始，构建所需的每一种分子。而在人类细胞进化的某个阶段，我们失去了制造一些重要分子的能力——据推测，这是因为我们总能够从饮食中获取这些分子。因此，现如今我们别无选择，只能从食物中获取这些重要的分子。

民间流传了一些应对特定小病小灾的食物。例如，胡萝卜或者肝脏可以治愈夜盲症，鱼肝油可以预防软骨病，玫瑰果茶（洛神花茶）或者柑橘可以预防坏血病。这些食物中都含有维生素，所以这些民间疗法往往很有效。经过科学分析，证实了它们中确实存在关键的分子起到治疗作用。第一种典型分子是维生素B_1，科学家将其命名为"维生素"：对生命至关重要的胺类。

许多维生素是具有特殊化学特性的分子工具，用于酶的专一任务。例如，氨基酸全都是无色的，所以为了构建感光的蛋白质便需要有色分子。维生素A（通常被称为"视黄醛"）则是这一工作的完美候选者。视黄醛由一串碳原子构成，这些碳原子从光线中的质子吸收能量，并由弯曲状变为直线状（图9.2）。这一形状的改变很容易被视紫红质蛋白感知，并释放一个神经信号告诉大脑：刚刚捕获了一个质子。视黄醛可以从食物中的肝脏直接获得。胡萝卜及其他有色蔬菜也含有类似功能的分子，即鲜黄色和橙色的胡萝卜素，它们由人体细胞中的酶分解为两半，用以制造

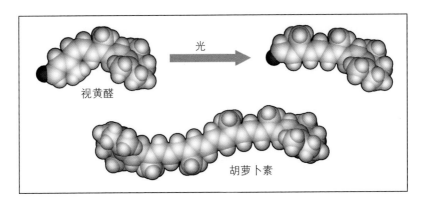

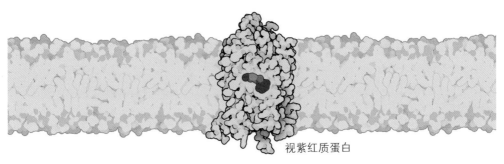

图9.2 维生素A

　　人体视网膜细胞中的视紫红蛋白通过视黄醛（由维生素A构成）感受光线。视黄醛一般呈弯曲状（左上图），吸收质子后则转换为平直状。人们可从饮食中直接获得视黄醛，或者由人体细胞中的酶将胡萝卜素分解为两半来制造它。（图中上部分放大2000万倍；下部分放大500万倍）

视黄醛分子。

维生素B族用于构建特殊的运输分子，在各种各样的酶之间往返运送氢原子、氮原子和碳原子（图9.3）。这些分子的一端往往具有一个非常活跃的原子，用于完成对氨基酸而言非常困难的反应：维生素B_1中的活性碳原子是从食物分子中提取二氧化碳所必需的；核黄素（维生素B_2）和烟酸用于制造在细胞中往返运输氢和电子的两种分子；吡哆醇（维生素B_6）带有一个特殊碳原子用于在反应中来回转运氮。

维生素C，即我们熟知的抗坏血酸，具有掩饰其分子状态的一种简单结构。它是最具争议的维生素。它最明显的作用是帮助一种酶修饰新的胶原分子结构。如果缺失了维生素C，有缺陷的胶原便引发坏血病：掉牙、康复缓慢以及出血。但此功能对维生素C的需求量很小——这就很难解释为什么在动植物组织中维生素C会大量累积。此外，维生素C与维生素A和E一起，在细胞中兼有第二种工作：抗氧化剂的作用。如第7章所述，在控制人体细胞和分子不可避免的衰老过程中，抗氧化剂扮演着重要角色。

维生素D扮演着激素的特殊角色，调节人体骨骼中钙的摄取和释放（图9.4）。它的出现使维生素的定义得以延伸。当暴露于充足的阳光下，人体细胞可以直接产生维生素D。在我们的皮肤中，紫外线通过打开胆固醇中的一个化学键来制造维生素D。然而，当见不到阳光时，尤其是那些生活在高纬度或多云地区的人们，麻烦就来了。他们无法自己制造足够的维生素，因此必须从食物中得到补充，例如英国政府建议儿童服用鱼肝油。

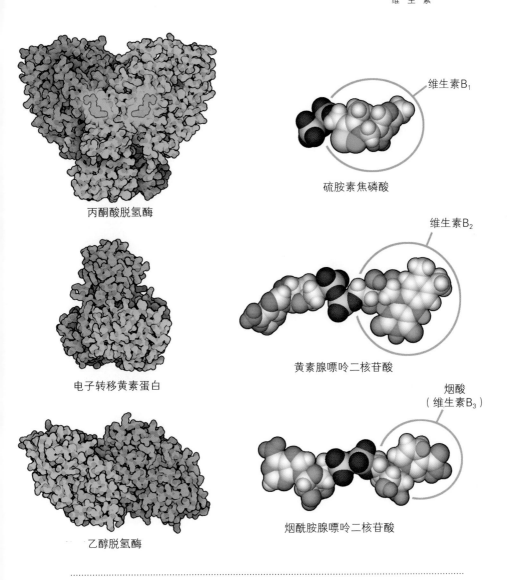

维生素B₁

硫胺素焦磷酸

丙酮酸脱氢酶

维生素B₂

黄素腺嘌呤二核苷酸

电子转移黄素蛋白

烟酸
（维生素B₃）

烟酰胺腺嘌呤二核苷酸

乙醇脱氢酶

图9.3　维生素B族

　　维生素B族是构建各种酶所使用的化学工具。图中三个圆圈突出表示了来源于日常饮食的维生素，左图则描绘了利用这些维生素的酶。丙酮酸脱氢酶硫胺素焦磷酸执行一项巧妙的化学反应（如移除二氧化碳），一个特定的活性碳原子（绿色部分）则协助上述反应。黄素腺嘌呤二核苷酸（FAD）和烟酰胺腺嘌呤二核苷酸（NAD）用于携带电子和氢原子（绿色部分）。电子转移黄素蛋白利用FAD穿梭于参与脂肪代谢的酶之间，乙醇脱氢酶则在利用NAD销毁乙醇分子。（图中左侧放大500万倍；右侧放大2000万倍）。

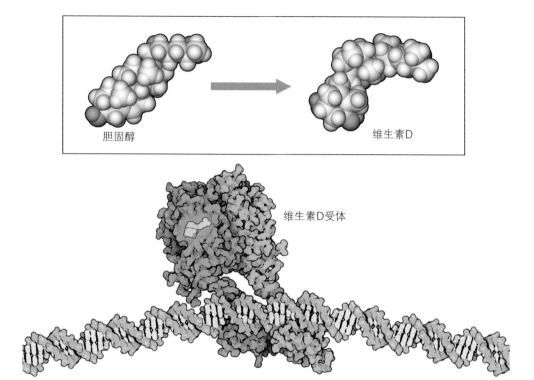

图9.4 维生素D

经过紫外线照射，胆固醇可以转化为维生素D。它像激素一样行使其功能——进入细胞并与细胞核上的受体绑定。这些受体绑定到DNA上，并指导参与钙代谢的蛋白质形成。（上图放大2000万倍；下图放大500万倍）

广谱毒素

人体细胞的分子装置非常精妙。在正常的细胞环境中，它们快速高效地完成各自的工作而不受大量其他分子的干扰。然而，这一系统很容易被破坏。如果添加了一个能与蛋白质或者核酸紧密绑定的分子，系统就会被阻塞——这正是毒素的做法。假如这个毒素攻击那些尤其重要的蛋白质，并比正常分子绑定得更紧密，那么它就是致命性的。

一些最"有效的"毒素往往也是体积最小的。例如，阻止产能核心步骤的简单毒素几乎可以杀死任何与之接触的生物。由于在糖转化为可用能量的过程中，大多数现代生物所采用的分子装置几乎完全相同，所以在植物和动物中能阻止细菌产能的毒素都同样有效。这些毒素往往具有简单的化学性质并易于制造，因此在人类历史中扮演了各种各样的角色。

氰化物是目前最强的毒素之一。氰化物杀死所有的需氧生物只需几分钟的时间。氰化物攻击产能的最后一个步骤——氢原子加氧形成水。这一反应的酶复合体即细胞色素c氧化酶，在血红素基团中含有一个铁离子。氰化物与氧具有相似的大小和形状，但与铁离子的绑定更为紧密，从而阻止了氧的进入，使细胞缺氧而死（图9.5）。即便细胞周围充满了氧，也仍旧无法利用。氰化物可以从自然界中的桃核与杏核中发现——100克的核中便可获得足以致死的剂量。这些核含有扁桃苷，作为苦杏仁苷在市场上用于治疗癌症，在碱性条件下（如消化道中）释放氰化物。

一氧化碳与氧、氰化物具有相似的形状，并且也与铁离子紧密绑定。一氧化碳产生毒性的主要位点是血液。在血红蛋白中，一氧化碳与铁离子的绑定强度比氧高250倍，强力阻碍氧从肺部流动到我们人体全身的细胞。由于一氧化碳的绑定太过紧密，所以难以从中毒的血液中移除，即便呼吸一个小时的纯氧，也仅能将血液中绑定的一氧化碳含量降低一半。

然而事实上，我们生存的环境中充满了大量其他的有毒化

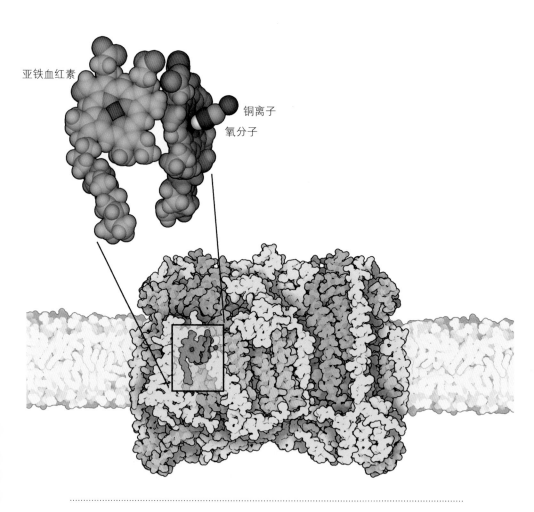

亚铁血红素

铜离子

氧分子

图9.5 氰化物

氰离子与氧具有化学相似性，但其与利用氧的酶绑定得更为紧密。通常情况下，单个氰化物分子可以使整个蛋白活动停止。如图中所示，氰化物与呼吸作用的终端蛋白细胞（细胞色素c氧化酶）绑定，阻止对氧的利用。（图中上部放大2000万倍；下部放大500万倍。）

合物。它们虽不像氰化物和一氧化碳那样立即致命，但仍对细胞有害。食物中包含各种植物制造的用来保护自身的有毒化合物，在烹调过程中也会产生各种类型的活性化合物。在这个工业社会，我们不停地呼吸和饮用着各式各样的污染物，甚至会特意消费有毒化合物，如咖啡中的咖啡因、酒类饮品中的乙醇。而人体的分子装置是极其脆弱的，必须被保护起来免受这些毒性分子的危害。幸运的是，我们拥有一个强大的解毒系统保护我们免遭危害。

细胞色素P450是这一解毒系统的中心（图9.6）。它是一种将有毒化合物铲除的酶，并能给毒性分子粘上一个化学"把手"。其他的酶将大型的无毒化学基团粘在这个把手上，使这一毒性分子易于被识别，并从体内冲走。人体中有12种不同的细胞色素P450酶，每种都负责识别一个毒性分子集群并解除其毒性。如果你用过止痛药，如对乙酰氨基酚（退热净），你便已经见识到细胞色素P450的功效了。随着细胞色素P450有条不紊地摧毁那些毒性分子，止痛药的药效在几个小时内便会逐渐消失。

细菌毒素

虽然像氰化物、一氧化碳那样的小分子具有极强的毒性，但是它们的毒性也会受到限制。化学毒素只能一对一地攻击蛋白质——一个毒素分子只攻击一个蛋白质——所以一旦结合在蛋白质上，毒素也就完结了。病原细菌则发明了一种更为致命的方式。它们利用两种生化策略制造出了极端致命的毒素（图9.7）。例如一个单分子的白喉毒素不是简单地使单个蛋白质失效，而是

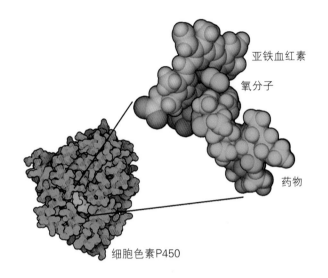

亚铁血红素

氧分子

药物

细胞色素P450

图9.6 细胞色素P450

　　细胞色素P450将氧原子添加到毒性分子上。这使得毒性分子更易溶解，也就更易于排出体外。而且还能为其他解毒酶提供一个便利的化学支杆，把持并摧毁毒素。细胞色素P450利用一个亚铁血红素中的铁原子来完成这一化学反应。图中所示的CYP3A4在人体中执行许多药物解毒任务，摧毁对乙酰氨基酚（泰诺林）、可待因、紫杉酚（紫杉醇）和少数抗艾滋病药物等分子。图中绿色分子为红霉素。（图中左侧放大500万倍；右侧放大2000万倍）

可以杀死整个细胞。

　　第一种策略是利用一种毒性酶代替简单的化学毒素。酶是可以反复使用的催化剂，能够从一个标靶跃至另一个并催化化学反应。所以，单个毒性酶就能够使整个细胞中的所有蛋白质失效，逐个摧毁这些蛋白质，直至将细胞杀死。这种策略与第二种策略组合时，毒性酶会更有效力。此毒性酶只要偶然连接上一个瞄准机制，就能够发现细胞并将其直接注入细胞内部。这些瞄准机制常常绑定在那些倒霉细胞表面的多糖链上，和正常的食物分子一

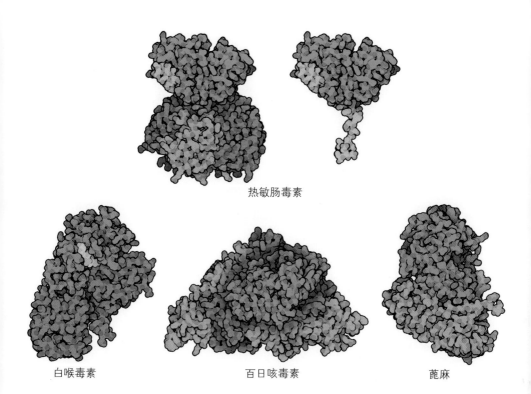

热敏肠毒素

白喉毒素　　　　　　　百日咳毒素　　　　　　　蓖麻

图9.7　细菌毒素

　　许多有机体采用了毒素的两种构建策略以保护自身。图中标靶饰为蓝色，毒性酶饰为红色。引发食物中毒和"蒙特朱马复仇"（指在墨西哥旅行的人常染的腹泻）的大肠杆菌肠毒素，以及引发百日咳的百日咳毒素都攻击细胞的信号通路，最终使控制离子流和水分进入细胞的信号飞速激增。白喉毒素攻击蛋白质合成中的一个蛋白因子，而蓖麻毒素（一种蓖麻植物产生的极端致命的毒素）利用相同的策略攻击核糖体。（放大500万倍）

起被拉入细胞内。一旦进入细胞，它们的形状便发生变化，使毒素酶强行进入细胞质，开始它的破坏性活动。

　　如果你有过食物中毒的经历，你便可能已经遭遇过其中一种可怕的分子装置的攻击。大肠杆菌之类的细菌构建毒素，攻击消化系统中的细胞。当你的身体试图将这些毒素冲刷出消化系统的时候，便会出现食物中毒这种难受的症状。像那些引起霍乱、白喉和百日咳的细菌构建的类似的毒素，若不加以处理，将会更致命。

抗生素类药物

我们有幸生活在这样一个时代：当面对这些细菌及其致命的毒素时，我们并非全然无助。通过几十年的医学研究，人类已经发掘了越来越多关于细菌及其分子的信息，并发掘了它们的弱点制造杀死细菌的抗生素。现如今，我们已经拥有一间抗生素药物的"兵工厂"来抗击病原细菌的感染。

挽救生命的抗生素和致命的毒素就如同同一枚硬币的正反两面。毒素攻击并摧毁一个关键的分子装置，阻塞生命中至关重要的过程并杀死细胞。抗生素则是一种选择性的毒素，以特定的方式有计划地发起进攻。氰化物显然无法作为一种抗生素，因为它会将病原生物和患者都杀死。所以抗生素必须被设计成只对病原生物有毒性，而在作用期间对患者人体没有毒性的药物。

也许你现在已经对引发疾病的细菌和病毒的概念相对当了解，例如一位外科医生未清洗的手会感染一名患者，但人类是从上个世纪才开始认识到这一概念的。在发现细菌后不久，人们便开始搜集能毒害它们的特殊化合物。一种方法至今仍在使用，即使用消毒剂。消毒剂是一种温和的毒药，可以通过将微生物完全吞噬而杀死它们。由于只有皮肤接触消毒剂，所以仅有少量的表层细胞死亡，整个身体却不会死去。含有氯、溴或者碘的溶液，以及水银的化合物（如硫柳汞）都是有效的消毒剂，并且经常用于保护小伤口不受感染。这些活性原子攻击细菌酶中的硫化合物并使其失活。乙醇也是一种广泛使用的消毒剂。当细菌被高浓度的乙醇分子淹没时，细菌的蛋白质便被展开而丧失活性。

医学生物化学中紧接着的伟大进步是：发现了专门攻击病原细菌中分子装置的抗生素。磺胺是首个成功的抗生素。由于它只攻击细菌中制造核苷酸的一种关键酶，所以可以内服且对患者只有较小的风险。很快地，人们通过观察其他生物体抵抗细菌感染的天然方法，发现了另外一些抗生素。最熟悉的便是青霉素，它由真菌分泌，用来控制周围细菌的生长。细菌中有些酶可以构建坚固的肽聚糖层来支撑细胞壁，青霉素便攻击这种酶（图9.8）。当这种酶失效时，细菌细胞便被削弱，从而很容易被免疫系统摧毁。由于人体细胞并不构建类似的肽聚糖结构，所以这种药物十分安全且只攻击细菌。

病原生物体特有的生命过程为抗生素发挥作用提供了最佳目标。这类例子已经发现了很多，而更多的实例正由医学研究人员研究。氯霉素和链霉素攻击细菌的核糖体——这些核糖体比人体细胞的核糖体小且两者结构不同。利福平（一种半合成抗结核药）攻击结核病细菌的RNA聚合酶。奎宁（俗称金鸡纳霜）妨碍引发疟疾的原生动物体内废料的处理，这些原生动物以红细胞中的血红蛋白为食并提高血红素的毒性含量。近年来，医学研究人员已经付出了大量努力来寻找攻击HIV特有酶的药物。现如今，我们已有了几十种药物用于攻击该病毒生命周期的许多步骤，如攻击反转录酶、HIV蛋白酶和整合酶等（如第8章所述）。

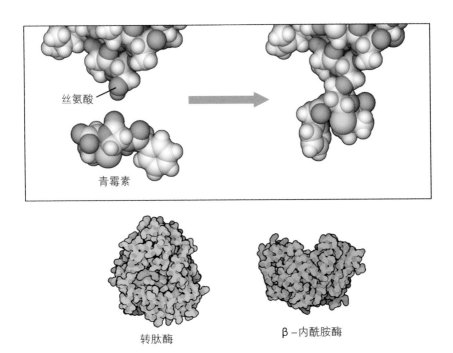

丝氨酸

青霉素

转肽酶

β−内酰胺酶

图9.8　盘尼西林（青霉素）

　　盘尼西林是一种摧毁D−丙氨−D−丙氨酸羧肽酶/转肽酶的弹簧陷阱。该酶在细菌细胞中构建肽聚糖结构。盘尼西林中，由4个原子构成的化学不稳定环攻击蛋白质中的丝氨酸。该环形结构将药物胶连到蛋白质的活性位点，从而阻止其活动。然而细菌会回击：在盘尼西林采取行动之前，它利用β−内酰胺酶将其摧毁。

　　不幸的是，细菌和病毒的进化过程非常迅速，因为它们繁殖速度太快。自从抗生素发现以来，许多抗药性菌株在几十年中已经得到进化。像HIV的药物治疗如果不谨慎地进行规划，抗性菌株将会在数周内出现。这就导致当代医学中一场持续的拔河比赛——研究人员不断研发新的药物，而细菌和病毒不断进化出保护自身免遭药物攻击的新途径。

　　细菌获得抗性的方法往往是通过生产一种酶来摧毁药物。例如一些抗药细菌能制造一种能剪切青霉素的酶，它是正常的消化酶经过修饰而得（图9.8）。该酶找到青霉素并打开其关键的活性化学键，使其失去药效。制造抗药酶的遗传指令常常由小的DNA环进行编码，然后小DNA环从细菌传递给细菌，将抗药性扩散到整个菌群。

　　HIV以另一种方式变成抗药菌株。此抗药菌株并不攻击药物，而是在被药物瞄准的酶上做出轻微改变（图9.9）。被药物正常攻击的反转录酶或者蛋白酶发生了突变，药物便不能再与其绑定。HIV突变极为迅速，轻易地逃过单一药物的攻击，在开展药物治疗后的数个星期内就能发展出抗药性。所以目前HIV疗法的诀窍在于，同时使用几种药物的混合物对患者进行治疗。由于不同的药物攻击完全不同的标靶，所以病毒群落要逃避所有药物的攻击，就必须同时突变几个分子装置——而这几乎是不可能实现的。

神经系统的药物和毒素

　　从一开始医疗实践就已经使用了特定的化学物质，使人体自身的分子装置产生预期的变化。柳树皮和罂粟中的树脂曾用于减轻疼痛；少量的洋地黄曾用来治疗心脏病；各种植物和蘑菇也都被用于改善我们的敏感和紧张。植物产生这些有毒的化学复合物多半是为了保护它们自己，而如果我们过量服用会引发严重的问题。而当小心控制剂量时，这些化学物质便能像药物那样发挥作用。

　　随着人自身生物化学知识的增长，人类已经获得了修饰这些

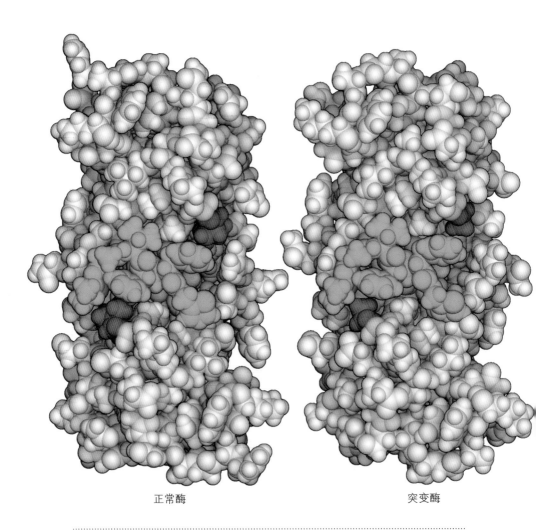

正常酶　　　　　　　　　　　　突变酶

图9.9　艾滋病病毒的抗药性

为确保治疗艾滋病的药物有效，这些药物必须能够与艾滋病毒酶紧密绑定并阻止其活动。艾滋病毒蛋白酶通过使其活性位点上重要氨基酸发生突变而获得抗药性。图中，药物利托那韦饰为绿色，蛋白链第82号位点的氨基酸饰为品红色。在正常的酶中，这个氨基酸是一种与药物形成紧密联系的缬氨酸，使该绑定处于稳定状态。在突变酶中，则变成了较小的丙氨酸，削弱了与药物的联系而具有了抗药性。

天然毒素分子的能力，能够将它们修剪得更能满足人体需要。现如今，种类繁多的天然药物和人造药物可以温和地修饰人体分子装置的运行，指导它们以一种更健康的方式工作。设计这些药物的目的并不像抗生素药物一样使分子装置中毒，而是旨在减缓人体分子装置的运行。药物疗法是目前最常用的办法。人体天然的解毒装置（如细胞色素P450）可以在数小时内销毁循环的药物，所以每天的药物剂量必须保证能够产生持续的疗效。

许多天然毒素和治疗药物可以作用于神经系统。这一点很有意义，因为神经系统是人体的中央控制系统，而如果我们想要进行一些调整，最好就是对中央控制系统进行调整。植物和真菌尤其擅长制造攻击神经系统的毒素。因为它们自己没有神经系统，因此能够自由地合成并储存大量此类毒素而不会使自身致病，任何食用了它们的动物则都会中毒。植物和真菌已经成为许多治疗性化合物的来源。久远的民间传统告诫我们要远离这些有毒的植物和真菌，所以我们要避免食用致命的龙葵属植物和伞菌（羊肚菌）。然而，这些民俗也告诉我们，小心地服用少量的毒素能够使神经产生有益变化，缓解紧张或止痛。

例如，箭毒马鞍子、阿托品和铁杉（毒芹）可以通过阻止神经和肌肉之间的信号传递致使肌肉瘫痪。这个信号由乙酰胆碱携带，它是由神经细胞释放、肌肉细胞表面受体感应的一种小分子（见图6.10）。毒素通过阻止乙酰胆碱和受体的绑定发挥作用，而使肌肉永远不会收到收缩的信号。如果你曾经做过眼科检查，你就可能已经中过阿托品的毒。每只眼睛中只要滴一小滴这种毒素，关闭虹膜的肌肉就会瘫痪并放大瞳孔，医生便能够看到眼睛的内部情况。

的士宁（马钱子碱）采用相反的方式发挥作用，它阻塞神经突触中的抑制性受体。正常情况下，这种受体阻止神经的启动，使得神经不会反复刺激其自身及周围的神经。的士宁则阻碍这种控制，并带来了灾难性的后果：即便最轻微的移动或者声音都会引发神经信号的一个链式反应，受害者会产生无法控制的抽搐，全身的肌肉同时收缩，整个身体僵化成一个僵硬的弧形。

地西泮（商品名为安定）、巴比妥酸盐和乙醇等镇静剂通过一种更为有利的方式作用于这种抑制性受体。与阻碍抑制作用并引发无法控制的神经刺激相反，镇静剂被认为是能够使神经递质与抑制性受体更容易绑定，从而加大其效力，减缓神经的启动。不同种镇静剂的效果可以累加，它们全都作用于同一个蛋白，所以乙醇会大幅增加巴比妥酸盐的效用。随着剂量的增加，当越来越多的神经受到药物作用，药效便逐渐累积，神经开始从焦虑和抑制中解脱出来，达到镇静和睡眠的效果。当服用过量时，则会导致昏迷或死亡。

其他的药物作用于神经的特定类群，对思考和感觉具有更为专一的效用。例如，止痛药阻止感受疼痛的信号，并将这些信息传送至大脑。在疼痛过程中，吗啡和阿司匹林在通路的两端阻塞信号。阿司匹林的阻塞作用发生在信号起始时。当产生损伤时，皮肤和组织中的细胞释放一些小分子前列腺素，它们随后刺激疼痛神经向大脑发出信号。阿司匹林阻塞环氧合酶是产生前列腺素所需的酶之一。没有这种酶，就没有足够多的前列腺素发出疼痛信号。当疼痛信号抵达大脑时，吗啡则在这一端阻塞信号，与大脑中识别脑啡肽的受体结合。脑啡肽是人体自身产生的天然止痛药，它可以修饰大脑中的疼痛信号，使其边缘钝化，并在极端情况下提高我们对疼痛感觉的忍受程度。吗啡能够指派这一天然机制的运行，所以它是目前已知的最具效力的止痛药。

你和你的分子

如今，我们和自身的分子之间具有非常亲密的关系。我们本能地知道保护它们：避免过热和过冷，避免酸和碱，避免盐分过高的环境，避免强烈的阳光。人体内置的疼痛感受警告我们这些危险的状况会使它们失活。我们从民俗中得知需要保持维生素和矿物质的供应，以维持它们的最佳形态；需要躲避毒性物质的侵害，以保证它们的安全。医学已经向我们展示，良好的医疗条件可以保持人体细胞的清洁，免遭病原体（如病毒和细菌）的侵害，而且在病原体穿越了人体防线时提供有效的武器来对抗它们。借助这些工具，我们比人类史中的任何时期都生活得更久、更健康。

目前我们正处在了解人体的革命中期，我们正探索人体分子最深处的秘密。现在我们已经理解了人体中大部分重要的分子装置的原子细节，这些装置精心安排着生命中各种纳米尺度的任务。我们将会了解在一个高适应性系统的控制下，这些装置在何时何地以及如何得以构建。这一系统是存储各种纳米信息的仓库，而在这些仓库中发生的各种错误实际上被看做是进化的优势。我们正在开始了解在细胞内的环境中看似矛盾的秩序和混沌的组合，在这个神奇的王国里，分子变成了生命。

随着对生命的理解不断加深，我们学会了控制这些生物分子过程。如今，医学提供了数百种途径，通过直接控制分子而使人体达到最佳健康状况。但是伴随着这一理解，我们也面临着新的责任。每天我们都要面对着几十种决定，而这些决定源自于我们对自身分子的知识。我们必须选择是否吃一顿丰盛、高脂肪的饭菜，并利用这一机会在动脉中堆积脂肪；我们必须判断人造的类固醇是否是不好的；我们必须决定吃或不吃转基因食品，或者是否支持糖尿病或癌症基因疗法的相关研究。幸运的是，基于对自己身体的详细了解，我们可以前所未有地从分子尺度逐级向上做出合适的选择。

原子坐标

　　本书中分子插图所采用的原子坐标来自数据库——RCSB Protein Data Bank，每部分的坐标和完整信息参见网站：http://www. pdb.org。索引号如下：

1.2. Glyceraldehyde-3-phosphate dehydrogenase 1gad, 1nbo, 3gpd

1.3. Hemoglobin 2hhb

2.1 ATP synthase lc17, le79, 112p, 2a7u

2.2. Enolase 4enl

2.6. Transfer RNA lttt; ribosome ly14

2.7. Lysozyme 21yz

2.8. Multidrug transporter 2onj; Rhodopsin 1f88; Insulin 2hiu; Glucagon lgcn; Pepsin 5pep; Antibody ligt; DNA polymerase ltau; Ferritin 1hrs; ATP synthase lc17; Collagen lbkv; Actin latn

2.9. Lipid bilayer coordinates were obtained from the WWW site: http://www. umass.edu/microbio/rasmol/bilayers.htm(Heller, H., Schaefer, M. and Schulten, K. (1993) "Molecular dynamics simulation of a bilayer of 200 lipids in the gel and in the liquid crystal phases" J. Phys. Chem. 97, 8343-8360.)

3.1. mRNA and tRNA 2j00

3.2. HMG-CoA reductase 1hwk; Oxidosqualene cyclase lw6k

辅助阅读

Alberts B., Johnson A., Lewis J., Raff M., Roberts K. and Walter P. Molecular Biology of the Cell. New York: Garland Science, 2002.

Devlin T.M. Textbook of Biochemistry with Clinical Correlations. New York: Academic Press, 2005.

Flint S.J., Enquist L.W., Racaniello V.R. and Skalka A.M. Principles of Virology: Molecular Biology, Pathogenesis, and Control of Animal Viruses. Washington D.C.: ASM Press, 2004.

Goodsell D.S. Bionanotechnology. Hoboken: Wiley–Liss, 2004.

Nelson D.L. and Cox M.M. Lehninger Principles of Biochemistry. New York: Worth Publishers, 2000.

Neidhardt F.C., Ingraham J.L. and Schaechter M. Physiology of the Bacterial Cell, A Molecular Approach. Sunderland: Sinauer Associates, 1990.

Pollard T.D. and Earnshaw W.C. Cell Biology. Philadelphia: Saunders, 2002.

（京）新登字083号

图书在版编目（CIP）数据

图解生命 / ［美］古德塞尔（Goodsell，D.）著；王新国译.—北京：中国青年出版社，2013.11

ISBN 978-7-5153-1946-9

Ⅰ.①图… Ⅱ.①古… ②王… Ⅲ.①生命—物质—研究 Ⅳ.①Q10

中国版本图书馆CIP数据核字（2013）第233124号

北京市版权局著作权合同登记

图字：01-2013-2473

Translation from English language edition:

The Machinery of Life by David S. Goodsell

Copyright: ©2009 Springer New York

Springer New York is a part of Springer Science+Business Media

All Rights Reserved

选题策划：彭　岩

责任编辑：彭　岩　王　涵

*

中国青年出版社出版 发行

社址：北京东四12条21号　邮政编码：100708

网址：www.cyp.com.cn

编辑部电话：（010）57350407　门市部电话：（010）57350370

北京中科印刷有限公司印刷　新华书店经销

*

787×1092　1/16　12印张　2插页　100千字

2013年11月北京第1版　2016年9月北京第3次印刷

印数：6001-8000册　定价：56.00元

本书如有印装质量问题，请凭购书发票与质检部联系调换

联系电话：（010）57350337